Peter Brandt

Die aktuelle Büchse der Pandora: Ewigkeitschemikalien PFAS und Konsorten

Diese Abhandlung basiert auf den Daten der zitierten Publikationen und den Angaben von Wikipedia.

Bibliographische Information der Deutschen Nationalbibliothek

Die Deutsche Nationalbibliothek verzeichnet diese Publikation in der Deutschen Nationalbibliographie; detaillierte bibliographische Daten sind im Internet über http.//dnb.d-nb.de abrufbar.
Die automatisierte Analyse des Werkes, um daraus Informationen, insbesondere über Muster, Trends und Korrelationen gemäß §44b UrhG („Text und Delta Mining") zu gewinnen, ist untersagt.
© 2025 Peter Brandt
Verlag: BoD · Books on Demand GmbH, Überseering 33, 22297 Hamburg, bod@bod.de
Druck: Libri Plureos GmbH, Friedensallee 273, 22763 Hamburg
ISBN: 978-3-7693-5015-9

Inhaltsverzeichnis

Jules-Joseph Lefebvre „Pandora" (1882)

1. Vorwort

Laut Wikipedia handelt es sich bei Pandora (altgriechisch Πανδώρα *Pandṓra*, deutsch ‚Allgeberin' aus *pan* ‚all-', ‚gesamt' und *doron* ‚Gabe', ‚Geschenk'; traditionell jedoch als „Allbegabte" übersetzt) in der griechischen Mythologie um eine von Hephaistos aus Lehm geschaffene Frau. Hesiod beschreibt sie als ein schönes Übel (καλὸν κακόν *kalòn kakón*). Sie wird von Hermes zu Epimetheus gebracht – einschließlich der unheilvollen Büchse der Pandora. Heute ist das *Öffnen der Büchse der Pandora* Inbegriff für das Stiften eines **Unheils, das sich nicht wiedergutmachen läßt.**

Diese antike Beschreibung kennzeichnet verblüffend gut die aktuelle Stoffgruppe der PFAS (= Per- und polyfluorierte Alkylverbindungen). Was ist bei den relevanten staatlichen Institutionen über die PFAS zu finden?

Das <u>Umweltbundesamt</u> äußert sich im Internet wie folgt: Die Chemikalien sind so stabil, dass sie – wenn sie in die Umwelt gelangen – dort lange verbleiben. Sie werden deshalb auch Ewigkeitschemikalien genannt. In der Umwelt können PFAS sich in Nahrungsketten anreichern oder rasch im Wasserkreislauf verteilen und auch Trinkwasserquellen wie das Grundwasser erreichen.

PFAS sind hauptsächlich menschengemachte Chemikalien und kommen natürlicherweise nicht in der Umwelt vor. Dennoch können PFAS heute weltweit in Wasser, Luft und Boden nachgewiesen werden. Auch im Blutserum von Menschen können sie vorkommen und gesundheitliche Effekte haben. Dirk

Messner, Präsident des Umweltbundesamtes: „Welche Schäden die langlebigen PFAS in der Umwelt auf Dauer anrichten können, ist häufig noch unerforscht. Wir versuchen daher mit dem nun veröffentlichten Vorschlag diese Stoffe in der EU so weit wie möglich zu verbieten. Dies ist aus Vorsorgegründen der richtige Schritt.“

Im Internet findet man folgenden Beitrag des <u>Bundesamtes für Verbraucherschutz und Lebensmittelsicherheit</u>: Im Rahmen des Monitorings wurden 86 Proben getrockneter Algen auf verschiedene PFAS-Verbindungen untersucht. Dabei handelt es sich um die vier wichtigsten PFAS-Verbindungen Perfluoroctansäure (PFOA), Perfluorooctansulfonat (PFOS), Perfluornonansäure (PFNA) und Perfluorhexansulfonsäure (PFHxS). Bei diesen vier Einzelsubstanzen wurden die geltenden Richtwerte unterschiedlich oft überschritten.

Bei fünf Algenproben lag der PFOS-Gehalt über dem Richtwert von 0,010 Mikrogramm pro Kilogramm (µg/kg). Das sind 5,8 Prozent aller Proben. Auch der PFNA-Gehalt überstieg bei fünf Proben den hier geltenden Richtwert von 0,005 µg/kg. In 15 Proben lag der PFOA-Gehalt über dem Richtwert von 0,010 µg/kg. Das sind 17,4 Prozent aller untersuchten Algenproben. In nur einer Probe überschritt der PFHxS-Gehalt den Richtwert von 0,015 µg/kg. Die gemessenen PFAS-Gehalte liegen in einer ähnlichen Größenordnung wie im Monitoring 2018.

„Unser Ziel muss es sein, die Belastung des menschlichen Organismus mit PFAS so gering wie möglich zu halten“, betont Dr.

Andrea Luger, Leiterin der Abteilung Lebensmittelsicherheit im Bundesamt für Verbraucherschutz und Lebensmittelsicherheit (BVL) und ergänzt: „Dafür brauchen wir eine belastbare Datenbasis. Die Ergebnisse dieses Monitorings tragen dazu bei und können für weiterführende Expositionsschätzungen genutzt werden."

Beim <u>Bundesinstitut für Risikobewertung</u> findet man: Als PFC (perfluorierte organische Verbindungen) wird eine Gruppe von Industriechemikalien bezeichnet, die Zwischenprodukte oder Hilfsstoffe bei der Herstellung bestimmter Fluorverbindungen sind oder zu denen diese Verbindungen abgebaut werden. Die Fluorverbindungen werden ihrerseits wieder in zahlreichen Verbraucherprodukten eingesetzt. Die bekanntesten Vertreter der PFC sind Perfluoroctansäure (PFOA) und Perfluoroctansulfonsäure (PFOS). Beide Verbindungen sind sehr stabil und aufgrund ihres breiten Einsatzes inzwischen überall in der Umwelt nachzuweisen. Sie haben eine lange Halbwertszeit im menschlichen Organismus und können sich daher anreichern. Haupteintragspfade für PFOA und PFOS sind kommunale Kläranlagen und Industrieanlagen, in denen PFC verarbeitet werden. Sie können die Leber schädigen und Krebs auslösen.

Diese amtlichen Verlautbarungen sind hinreichend genug, um sich mit den PFAS näher zu beschäftigen. PVC, PE und PP haben leider als Plastikmüll mit weltweiter Verbreitung eine solch fragliche Berühmtheit erlangt, daß es sich erübrigt, hier noch besonders auf die Notwendigkeit, sich mit ihnen zu befassen, hinzuweisen.

2. Klassefizierung der PFAS

Buck et al. (2011 haben einen Überblick über Perfluoralkyl- und Polyfluoralkylsubstanzen (PFAS) gegeben, indem sie eine Terminologie für die Nutzung durch die globalen Wissenschafts-, Regulierungs- und Industriegemeinschaften anbieten. Ein besonderer Schwerpunkt liegt auf langkettigen Perfluoralkylsäuren, Substanzen, die mit den langkettigen Perfluoralkylsäuren und Substanzen als Alternativen zur Verwendung der langkettigen Perfluoralkylsäuren oder deren Vorläufern bestimmt sind. Zuerst definieren sie PFASs, klassifizieren sie in verschiedene Familien und empfehlen eine pragmatische Reihe von gemeinsamen Namen und Akronymen sowohl für die Familien als auch für ihre einzelnen Mitglieder. Terminologie mit fluorierten Polymeren ist ein wichtiger Aspekt ihrer Klassifizierung (Fig. 1 und 2). Die Stoffgruppe umfasst zwischen einigen Tausend und einigen Millionen Einzelstoffen. Eine beispielhafte Aufschlüsselung für die Perfluoralkylsäuren ist in Fig. 2 dargestellt, um die zahlreichen Möglichkeiten zur Modifizierung aufzuzeigen.

Auf die Hauptproduktionsprozesse, die elektrochemische Fluorierung und die Telomerisierung, die zur Einführung von Perfluoralkylmoieties in organische Verbindungen verwendet wird, und die Entstehung von Nebenprodukten (Isomere und Homologe) wird hier nicht näher eingegangen, da dieser Beitrag vorrangig die Verbreitung, Verweildauer, biotische und abiotische Wirkung und Reglementierung (Grenzwerte und Verbote) behandeln soll. Für detaillierte Angaben zur Synthese der PFAS und ihrer vielen Derivate sei auf die Publikation von Buck et al. (2011) verwiesen.

Fig. 1 Klassifizierung der hauptsächlichen PFAS-Derivate (EPA 2021)

Per- und polyfluorierte
Alkylverbingungen (PFAS):
-----Nicht-Polymere:
-------------Perfluorierte Alkylverbindungen:
---------------------Perfluoralkylsäuren (PFAA):
-------------------------------------Perfluorcarbonsäuren (PFCA)
-------------------------------------Perfluorsulfonsäuren (PFSA)
-------------------------------------Perfluorphosphonsären (PFPA)
---------------------Perfluoralkylethersäuren (PFEA):
-------------------------------------Perfluoralkylethercarbonsäuren (PFECA)
-------------------------------------Perfluoralkylethersulfonsäuren (PFESA)
--------------Polyfluorierte Alkylverbindungen:
---------------------Fluortelomere:
-------------------------------------Fluortelomercarbonsäuren (FTCA)
-------------------------------------Fluortelomersulfonsäuren (FTSA)
-------------------------------------Fluortelomeralkohole (FTOH)
---------------------Perfluoralkansulfoamideverbindungen:
-------------------------------------Perfluoralkansulfoamide (FASA)
-------------------------------------Perfluoralkansulfoethanole (FASE)
-------------------------------------Perfluoralkansulfoessigsäuren (FASAA)
-----Polymere:
--------------Fluorpolymere:
--------------Perfluorether (PFPE)
--------------Seitenketten-fluorierte Polymere

Die OECD definiert PFAS als fluorierte Stoffe, die mindestens ein vollständig fluoriertes Methyl- oder Methylen-Kohlenstoffatom (ohne daran gebundene H/Cl/Br/I-Atome) enthalten, d. h.

bis auf wenige bekannte Ausnahmen ist jeder Stoff mit mindestens einer perfluorierten Methylgruppe oder einer perfluorierten Methylengruppe ein PFAS (Wang et al. 2021; OECD 2021). Nach Angaben der OECD gibt es mindestens 4730 verschiedene PFAS mit mindestens drei aufeinander folgenden perfluorierten Kohlenstoffatomen oder einer Perfluoralkylethergruppe im Molekül (OECD 2018). Das EPA gibt 14735 an (EPA 2024), PubChem sogar knapp 7 Millionen PFAS (NCBI 2024). Über 1400 PFAS konnten mehr als 200 unterschiedlichen Anwendungen zugeordnet werden (Glüge et al. 2020).

Fig. 2 Taxonomie der Perfluoralkylsäuren

Name	Perfluorcarbonsäuren	Perfluorsulfonsäuren
Halbstrukturformel	$C_nF_{(2n+1)}COOH$	$C_nF_{(2n+1)}SO_3H$
n = 3	Perfluorbutansäure (PFBA)	Perfluorpropansulfonsäure (PFPrS)
4	Perfluorpentansäure (PFPeA)	Perfluorbutansulfonsäure (PFBS)
5	Perfluorhexansäure (PFHxA)	Perfluorpentansulfonsäure (PFPeS)
6	Perfluorheptansäure (PFHpA)	Perfluorhexansulfonsäure (PFHxS)
7	Perfluoroctansäure (PFOA)	Perfluorheptansulfonsäure (PFHpS)
8	Perfluornonansäur	Perfluoroctansulfonsä

	e (PFNA)	ure (PFOS)
9	Perfluordecansäure (PFDA)	Perfluornonansulfonsäure (PFNS)
10	Perfluorundecansäure (PFUnDA)	Perfluordecansulfonsäure (PFDS)
11	Perfluordodecansäure (PFDoDA)	Perfluorundecansulfonsäure (PFUnDS)
12	Perfluortridecansäure (PFTrDA)	Perfluordodecansulfonsäure (PFDoDS)
13	Perfluortetradecansäure (PFTeDA)	Perfluortridecansulfonsäure (PFTrDS)

3. Eigenschaften und Anwendung der PFAS

Aufgrund ihrer wasser-, fett- und schmutzabweisenden Eigenschaften kommen PFAS in zahlreichen Alltagsprodukten zum Einsatz: (1) Pfannen, Raclette-Grills, Waffeleisen, (2) Backpapier, (3) Fast-Food-Verpackungen, (4) Zahnseide; (5) Wasserfilter, (6) Shampoo, (7) Kosmetika, (8) Regenjacken, (9) Pflanzenschutzmittel, (10) Teppiche, (11) Imprägniersprays für Textilien und Schuhe, (12) Wachse und Schmiermittel (z.B. in Ski-Wachsen), (13) Antibeschlagmittel (z.B. für Brillen), (14) Kabelummantelungen, (15) Fotopapiere, Klebeetiketten, (16) Druckfarben und Lacke, (17) Feuerlöschschäume, (18) Elektronikgeräte, (19) Wärmepumpen.

Da es unmöglich ist, im Rahmen dieser Abhandlung auf jede dieser neunzehn Produktgruppen im Detail einzugehen, kann hier nur eine beispielhafte Beschreibung einiger Produkte von allgemeinem Interesse – zum Teil unter ihrem geläufigen Handelsnamen – erfolgen:

(a) <u>Teflon</u>: ist ein Produkt der Firma DuPont. Es handelt sich dabei um Polytetrafluorethylen (PTFE, gelegentlich auch Polytetrafluorethen) und ist ein unverzweigtes Polymer aus Fluor und Kohlenstoff. Der Handelsname anderer Hersteller von PTFE sind Dyneon (= vormals Hostaflon) und Dynamar der Firma 3M. Im Haushalt, vor allem bei unsachgemäßem Umgang mit Teflon-beschichteten Produkten wie Kochgeschirr, Backöfen, oder Bügeleisen ist eine Vergiftung möglich. Wenn Teflon zu stark erhitzt wird, zersetzt es sich in giftige Fluor-

Verbindungen. Es gibt einzelne Fallbeschreibungen mit überhitzten Teflon-Pfannen (Toyama et al.2006; Son et al. 2006), außerdem mit einem teflonhaltigen Trennmittelspray (Albrecht und Bryant 1987). Aus dem industriellen Bereich wird von Fällen nach dem Rauchen von kontaminierten Zigaretten berichtet (Shusterman 1993). Neben grippeähnlichen Symptomen kommt es durch Reizung der Atemwege und Alveolen zu Atembeschwerden ähnlich der Pneunomie (Lee et al. 1997).

(b) <u>Gore-Tex</u> ist der Handelsname der Firma W. L. Gore & Associates für eine mikroporöse Membran aus gerecktem (expandiertem) Polytetrafluorethylen (ePTFE), die winddicht, wasserdicht, aber wasserdampfdurchlässig und damit atmungsaktiv ist. Diese Membran hat ca. 1,3 Milliarden Poren/cm², deren Durchmesser ein 20.000stel eines Wassertropfens ist, aber etwa 770-mal so groß wie ein Wasserdampfmolekül. Dadurch bleibt Regenwasser draußen, aber Dampf kann entweichen. Wegen dieser Eigenschaftsmerkmale eignet sie sich für die Verarbeitung in Outdoor-, Sport-, Freizeit- und Arbeitskleidung (Knecht 2003).

(c) <u>Freon</u>: ist ein Produkt der Firma Chemours (früher DuPont), Frigen der Firma Hoechst und Solkane der Firma Solvay. Es handelt sich dabei um Kältemittel, die nach DIN EN 378-1 Abs. 3.7.1 definiert sind als *„Fluid, das zur Wärmeübertragung in einer Kälteanlage eingesetzt wird, und das bei niedriger Temperatur und niedrigem Druck Wärme aufnimmt und bei höherer Temperatur und höherem Druck Wärme abgibt, wobei üblicherweise Zustandsänderungen des Fluids erfolgen."* bzw.

nach DIN 8960 Abs. 3.1 als *„Arbeitsmedium, das in einem Kältemaschinenprozess bei niedriger Temperatur und niedrigem Druck Wärme aufnimmt und bei höherer Temperatur und höherem Druck Wärme abgibt“.* Chemisch gehören sie es zu den Halogenkohlenwasserstoffen und dort zur Gruppe der FCKW (Fluorchlorkohlenwasserstoffe) oder Freone. Bis zum

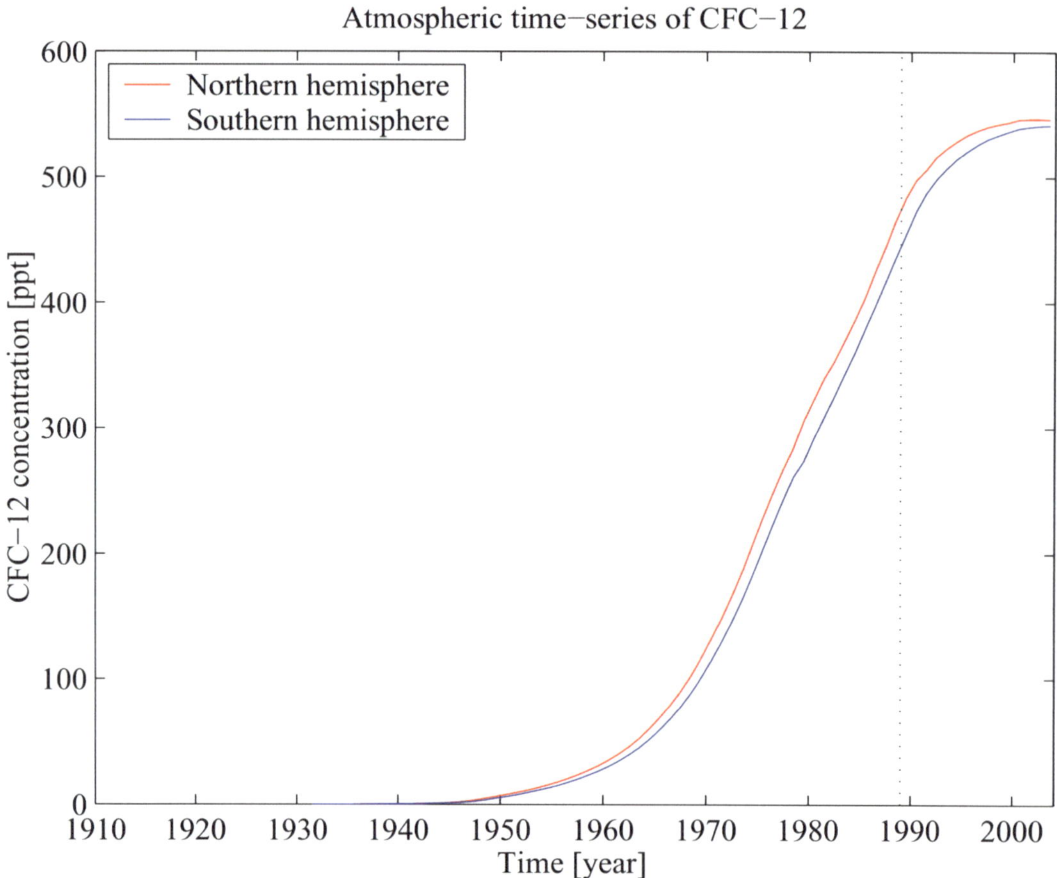

Fig. 3 Anreicherung von FCKW in der Atmosphäre im Zeitraum von 1910 bis 2000. (Wikipedia)

weltweitem Verbot wurde es als Kältemittel und in Sprühdosen als Treibgas verwendet. Es schädigt die Ozonschicht.

Als Ozonloch bezeichnet man eine starke Ausdünnung der Ozonschicht, wie sie 1985 erstmals am Südpol über der Antarktis festgestellt wurde, Anfang 2020 nach einem Bericht des Alfred-Wegener-Instituts zum ersten Mal auch über der Arktis (Nordpol 2020). Die Ursachen des Ozonabbaus sind hauptsächlich FCKWs. Deutschland hat bis Ende 1994 als eines der ersten Länder der Welt seinen Ausstieg aus den vollhalogenierten FCKW abgeschlossen. Die FCKWHalonVerbV sah je nach Einsatzgebiet ein stufenweises Verbot der Verwendung bzw. Herstellung dieser Stoffe vor.

(e) PFAS in <u>Kosmetika</u>: PFAS werden in Kosmetik- und Körperpflegeprodukten für vielseitige Funktionen eingesetzt. HC Yellow No.13 ist eine Haarfärbesubstanz. PFFE ist ein Füllstoff und kann auch als Mikroplastik vorliegen. Perfluorohexane wird als Lösemittel eingesetzt. Methyl Perfluoroisobutyl Ether regelt die Viskösität (Zähigkeit). Perfluorooctyl Triethoxysilane ist ein Bindemittel. Alle haben eins gemeinsam: Sie reichern sich in der Umwelt an. PFAS sind extrem langlebig. Sie werden in der Umwelt nur teilweise abgebaut. Die dabei entstehenden Abbauprodukte, wie etwa Trifluoressigsäure bei dem Inhaltsstoff HC Yellow No 13, reichern sich in Natur und Umwelt an. Trifluoressigsäure lässt sich von dort nicht mehr zurückholen. Neben den auf der Verpackung angegebenen PFAS-Inhaltsstoffen, können Kosmetik- und Körperpflegeprodukte weitere PFAS als Verunreinigungen enthalten (DEPA 2018). PFAS befinden sich bereits überall: im Wasser, im Boden, in Pflanzen und in Tieren. Auch jeder von uns trägt sie mittlerweile in sich – Studien wiesen sie im Blut aller Kinder nach (WWF 2005). Laut einer weiteren Studie überstiegen sie bei 14 % der Teenager sogar die gesundheitsbezogenen Leitlinien der Europäischen Agentur für Lebensmittelsicherheit (HBM4EU 2022).

Tab. 2 PFAS,die bei der Zubereitung von Kosmetika verwendet werden (FDA 2024)

	CAS NUMBER	INGREDIENT NAME
1	51851377	PERFLUOROHEXYLETHYL TRIETHOXYSILANE
2	9002840	POLYTETRAFLUOROETHYLENE
3	934368602	TETRADECYL AMINOBUTYROYLVALAMINOAMITITTELRIC UREA TRIFLUOROACETATE
4	429674	TRIFLUOROPROPYL CYCLOTETRASILOXANE
5	999004821	TRIFLUOROPROPYL CYCLOPENTASILOXANE
6	882878480	PERFLUORONONYL
7	306945	PERFLUORODECALIN
8	163702076	METHYL PERFLUOROBUTYL
9	16370208	METHYL PERFLUOROISOBUTYL

CAS NUMBER	INGREDIENT NAME
7	
10	69991679	POLYPERFLUOROMETHYLISOPROPYL
11	355420	PERFLUOROHEXANE
12	64577635	TRIFLUOROACETYL TRIPEPTIDE-2
13	306912	PERFLUOROPERHYDROPHENANTHRENE
14	460731	PENTAFLUOROPROPANE
15	10442838	HC GELB NO. 13
16	163702054	ETHYL PERFLUOROBUTYL
17	335273	PERFLUORODIMETHYLCYCLOHEXANE
18	379685968	ACETYL TRIFLUOROMETHYLPHENYL VALYLGLYCINE
19	999004531	TRIFLUOROPROPYLDIMETHYL/ TRIMETHYLSILOXYSILICATE
20	999004949	TRIFLUOROPROPYL DIMETHICONE/TRIFLUOROPROPYL DIVINYLDIMIMETHIKONE CROSSPOLYMER
21	999001447	TRIFLUOROMETHYL C1-4 ALKYL DIMETHICONE
22	163702065	ETHYL PERFLUOROISOBUTYL
23	1805227	PERFLUOROMETHYLCYCLOPENTANE
24	999001107	C9-15 FLUOROALCOHOL PHOSPHATE

CAS NUMBER		INGREDIENT NAME
25	80977400 671	PERFLUORONONYL DIMETHICONE/METHICONE/AMODIMETHIC ON CROSSPOLYMER
26	15570873 05	PERFLUOROHEXETHYL METHACRYLATE
27	115361687	TRIFLUOROPROPYL DIMETHICONE
28	999003110	PERSPERLUOROETHOXYMETHOXY DIFLUOROETHYL PEG PHOSPHATE
29	99900443 8	PENTAPEPTIDE-34 TRIFLUOROACETATE
30	50285182	PERFLUORO DIMETHYLETHYLPENTANE
31	99900198 9	PEG-8 TRIFLUOROPROPYL DIMETHICONE
32	355931	OCTAFLUOROPENTYL
33	92332257	PERFLUOROALKYL PHOSPHATE
34	88645298	POLYPERFLUOROETHOXYMETHOXY DIFLUOROHYDROXYETHYL
35	20015665 56	DIFLUOROCYCLOHEXYLOXYPHENOL

(e) PFAS in <u>Wärmepumpen</u>: In Wärmepumpen sind teilfluorierte Kohlenwasserstoffe (HFKW) im Einsatz, die bei einer späteren Entsorgung ein hohes Treibhauspotenzial entfalten. Aus diesem Grund beschloss die internationale Staatengemeinschaft im

Jahr 2016 die schrittweise Verbannung der HFKW-Kältemittel. R410a ist in der Wärmepumpe aktuell das meistgenutzte Kältemittel. Es ist rein synthetisch und gilt als hocheffizient. Dieses Kältemittel ist eine spezielle Mischung für die Wärmepumpe aus R32 (Difluormethan) und R125 (Pentafluorethan). Wird in der Wärmepumpe nur R32 eingesetzt, soll es im Vergleich zu R410 zu niedrigerem Stromverbrauch beitragen.

Die Regulierung des GWP[1]-Wertes von Kältemitteln ist Teil der Bemühungen, den Klimawandel zu bekämpfen. In der Europäischen Union und anderen Teilen der Welt wurden Vorschriften eingeführt, um die Verwendung von Kältemitteln mit hohem GWP zu reduzieren. So darf der GWP-Wert eines Kältemittels seit 2020 maximal 2.500 betragen. Ab dem Jahr 2025 wird diese Höchstgrenze weiter auf 750 gesenkt. Diese Maßnahmen zielen darauf ab, die Verwendung von Kältemitteln mit niedrigerem GWP zu fördern und somit die Emissionen von Treibhausgasen zu reduzieren, die aus Klima- und Kühlsystemen stammen.

(f) PFAS in <u>Feuerlöschmitteln</u>: Insbesondere fluorhaltige Schaumlöschmittel gelten seit langer Zeit als besonders leistungsfähig. Jedoch basieren diese Löschmittel auf per- und polyfluorierten Alkylverbindungen (PFAS), welche eine große Umweltbelastung darstellen, da sie in der Natur nicht abbaubar sind. Aus Umweltschutzgründen wurden einige Löschmittel auf

---

1 Der GWP-Wert (Global Warming Potential) bei Kältemitteln ist ein Maß für das Treibhauspotenzial eines Stoffes im Vergleich zu Kohlendioxid (CO_2), dem ein GWP von 1 zugeordnet wird. Dieser Wert gibt an, wie stark ein bestimmtes Kältemittel zum Treibhauseffekt beitragen kann, wenn es in die Atmosphäre freigesetzt wird. Ein Kältemittel mit einem GWP-Wert von 1.000 würde demnach 1.000-mal mehr zum Treibhauseffekt beitragen als die gleiche Menge CO_2 über einen bestimmten Zeitraum, der üblicherweise 100 Jahre beträgt.

PFAS-Basis bereits EU-weit verboten, am 04. Juli 2025 endet die Übergangsfrist für derzeit noch zulässige Schaumlöschmittel.

(g) PFAS in <u>Teppichen</u>: Entscheidend für die Beurteilung der Aufnahme von PFAS über die Luft ist die Tatsache, daß sich Menschen typischerweise täglich 90% ihrer Zeit in geschlossenen Räumen aufhalten. Morales-McDevitt et al. (2011) nahmen daher Luft- und Staub-Proben aus Innenräumen und bestimmten deren Gehalt an PFAS per Gaschromatographie und Massenspectroscopie. Flüchtige PFAS, insbesondere Fluortelomeralkohole (FTOHs) wurden überall nachgewiesen; in Räumen mit Teppichboden wurden 6.2 FTOH-Konzentrationen zwischen 9 to 600 ng m^{-3} bestimmt. Es konnte nachgewiesen werden, daß Teppiche und Staub die hauptsächlichen Quellen für FTOHs sind. Diese Gefährdung durch Einatmen von FTOHs bedarf der weiteren Reduktion von PFAS (Wen-Long und Kannan 2024; Cahuas et al. 2022).

(h) PFAS in <u>Lithium-Batterien</u>: Es werden höchste Anforderungen an die chemische und thermische Beständigkeit gestellt, die bisher nur mit Hilfe der PFAS erfüllt werden können, so der Nationale Wasserstoffrat (NWR). So werden PFAS in verschiedenen Schlüsselkomponenten von Brennstoff- und Elektrolysezellen verwendet. Dazu gehört beispielsweise die Protonenaustauschmembran, welche heute aus dem Polymer Perfluorsulfonsäure (PFSA) besteht. PFSA ist das protonenleitende Material in der Brennstoffzellen- und Elektrolysemembran und ermöglicht den Transport von Protonen bei gleichzeitiger räumlicher Trennung von Wasserstoff und Sauerstoff bzw. deren Teilreaktionen. Die protonenleitende Polymermembran ist ein wesentliches Kernbauteil und daher für das Funktionieren einer Polymerelektrolytmembran-Brennstoffzelle und einer Elektrolysezelle unbedingt erforderlich. Derzeit gibt es laut NWR keine technisch ausgereiften Alternativen für diese Schlüsselkomponenten, Da nach dem REACH-Beschränkungsprozess die EU-Kommission die Verwendung von Stoffen auf unterschiedliche Weise einschränken oder verbieten kann, fordert der NWR Ausnahmeregelungen nach dem Montreal-Protokoll bis Alternativen verfügbar sind.

4. Verbreitung der PFAS.

PFAS haben keine natürliche Quelle. Sie werden industriell hergestellt. Es ist nicht verwunderlich, wenn in Anbetracht der bis zu 7 Millionen PFAS-Derivaten (NCBI 2024) und ihrem Einsatz in einer Vielzahl von Produkten die PFAS weltweit, also ubiquitär nachzuweisen sind (Brase et al. 2021; BfR 2021a; Hughey et al. 2024; Kuwadka et al. 2024; Li et al. 2018; Rikik et al.224: Sajid und Ilyas 2017; Vanden Heuvel et al. 1981; ZDF 2023; Zhang et al. 2013); sie konnten sogar in Muttermilch (BfR 2021b; Fiedler und Sadia 2021), in der Leber von Eisbären (Fricke und Lahl 2005) und im Blut fast aller Menschen weltweit (Fenton et a. 2021) nachgewiesen werden.

Wie es zu dieser weltweiten Verbreitung der PFAS kommen konnte, wird schematisch aus Fig. 4 deutlich: Die PFAs-Produkte werden von der Fabrik in den Handel und zum Endverbraucher geliefert. Bei jedem Teilschritt kann es zur PFAS-Abgabe in die Atmosphäre oder in Gewässer kommen. Im Erdboden werden sie zunächst angereichert, über lange Zeit wieder abgegeben in die Hydrosphäre und werden damit für Pflanzen und Tiere verfügbar; im Endstadium werden sie im marinen Sediment abgelagert.

Zwangsläufig kommt es in der Nahrungskette zur Anreicherung von PFAS, an deren Ende der Mensch ansteigenden PFAS-Konzentrationen ausgesetzt ist. Ein Anzeichen dafür, welch Ausmaß diese Anreicherung zu nehmen drohte, ist die EU-weite Festlegung von zulässigen Grenzwerten, wie sie beispielhaft in Tab.3 für verschiedene Fleischprodukte aufgeführt werden.

Die jährlichen Gesamtkosten für Umweltscreening, Überwachung bei Kontamination, Wasseraufbereitung, Bodensanierung und Gesundheitsbewertung belaufen sich im EWR plus der Schweiz auf 821 Millionen bis 170 Milliarden Euro (Nordic Council 2019). Die American Water Works Association schätzt, dass es 370 Milliarden Dollar kosten würde, die PFAS aus dem US-Trinkwasser zu entfernen (Riyard und Wolman 2023). Unter

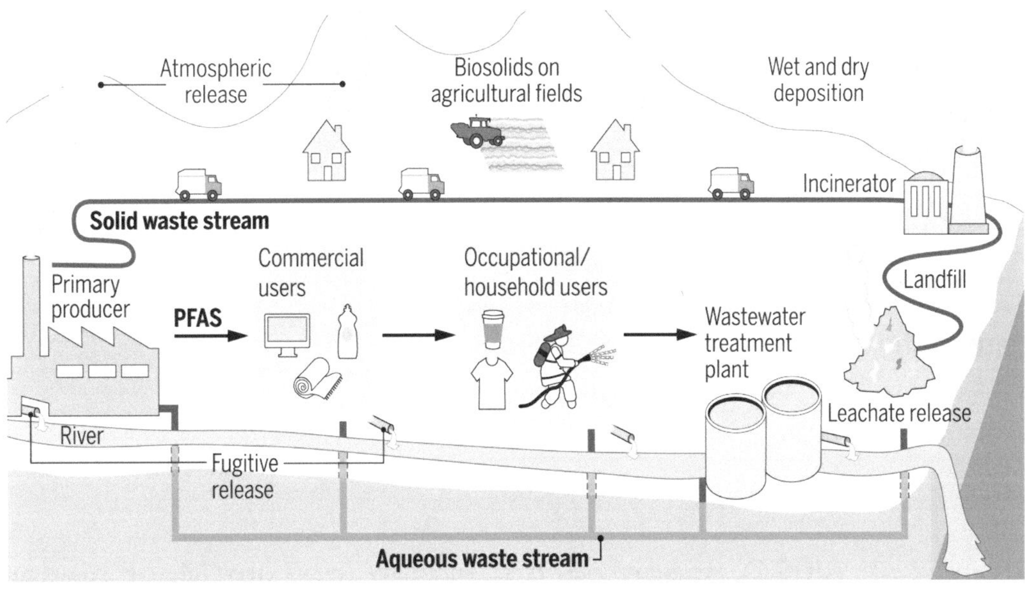

Fig. 4 Schematische Darstellung der Verbreitung von PFAS. Bei jedem Teilabschnitt kann es zur Freisetzung (fugitive release) kommen; der finale Ablagerungsort ist die Sedimentschicht der Tiefsee. (Evich et al. 2022)

Berücksichtigung der gesellschaftlichen Kosten liegen die Kilogrammkosten für PFAS bei rund 18700 €, während der durchschnittliche Marktpreis von PFAS bei rund 19 € pro Kilogramm liegt (Perkins 2023).

Tab. 3 :Beispiele für Höchstgehalte der Summe von PFOS, PFHxS, PFOA und PFNA (Verordnung (EU) 2022/2388 L_2022316DE.01003801.xml (europa.eu).

Lebensmittel	Summe PFOS, PFHXS, PFOA, PFNA in µg/kg Frischgewicht
Eier	1,7
Muskelfleisch von Fischen	2,0-45
Krebstiere	5
Fleisch von Rindern, Schweinen und Geflügel	1,3
Fleisch von Schafen	1,6
Schlachtnebenerzeugnisse von Rindern, Schafen, Schweinen und Geflügel	8
Fleisch von Wild, ausgenommen Fleisch von Bären	9

.

Shah e al. (2024) haben nachgewiesen, daß im Meer niedergegangenes PFAS durch die Wellenbewegung und Wind als Aerosoltröpfchen remobilisiert werden (Fig. 4A und 4B) und in diesen und im Schaum der Flutzone am Strand Konzentrationen erreichen, die um das >100,000-fache höher liegen als

die im Meerwasser selbst (Fig. 4C und 4D). Dieses „Aufkonzen-
trieren" wird auf den hydrophoben Charakter der PFAS
zurückgeführt. Ein Meiden dieses Schaumes beim Baden wird
vorsichtshalber empfohlen.

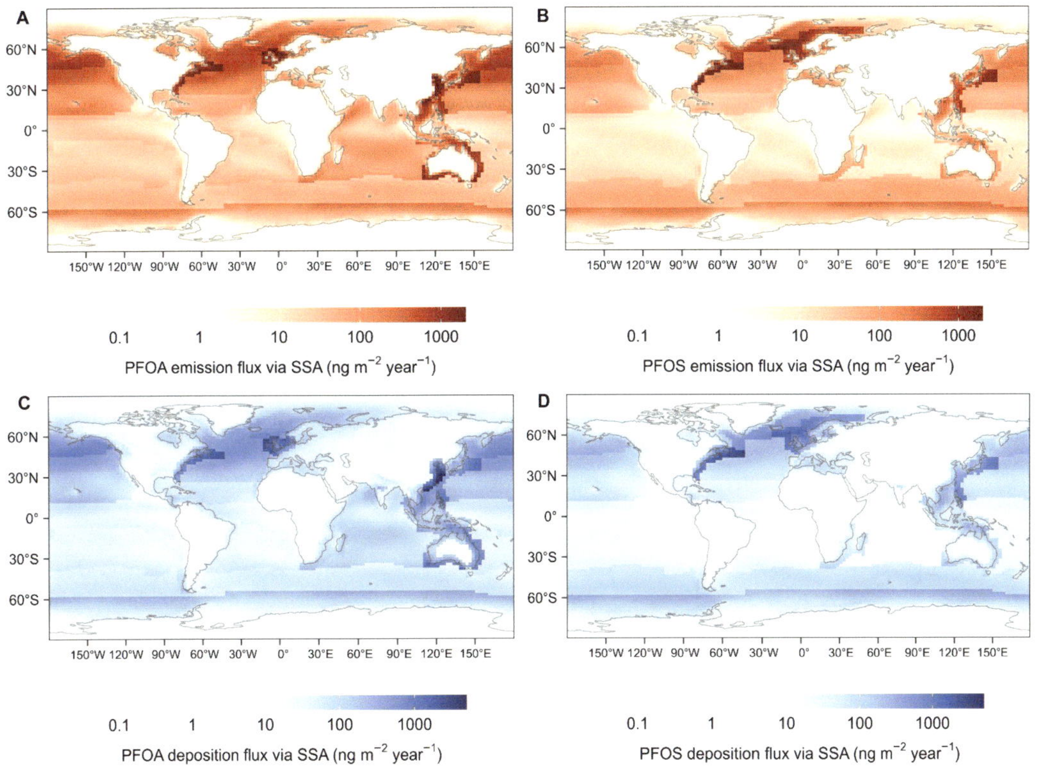

Fig.4 Weltweite Anreicherung von PFAS in Aerosolen (A und B) sowie im
Schaum des Meerwassers in der Flutzone (C und D) (Sha et al. 2024).

Fig. 4A Schaum von PFAS im Meerwasser in der Flutzone

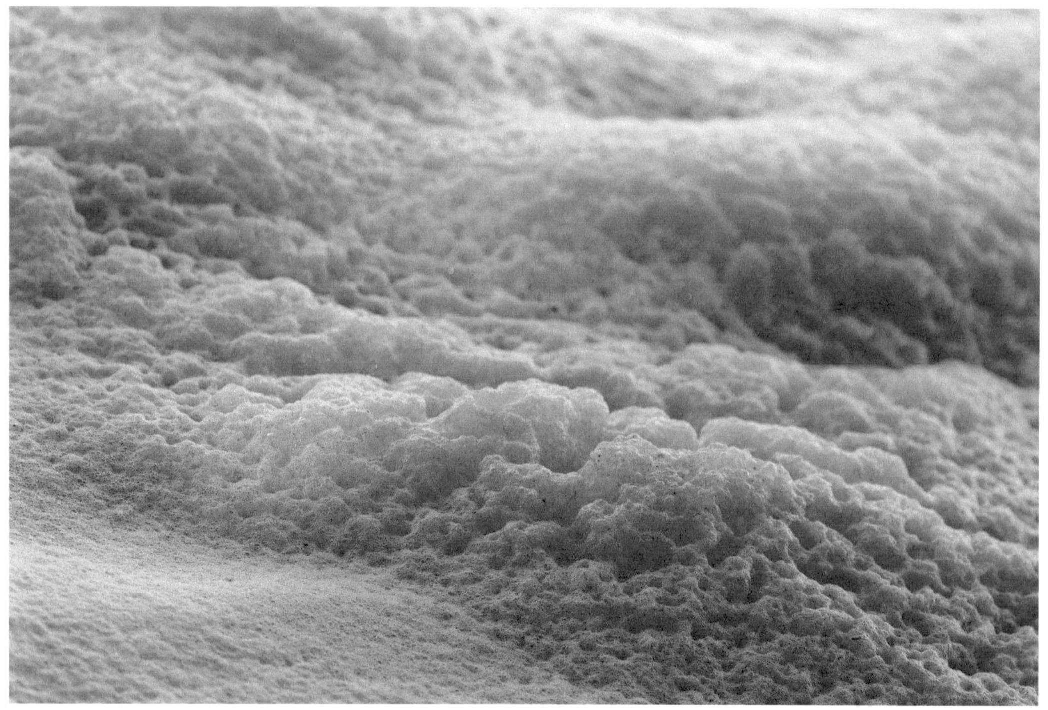

5. Gesundheitliche Implikationen durch PFAS

Laut aktueller Kenntnisse der europäischen Lebensmittelbehörde EFSA sind vor allem tierische Lebensmittel mit PFAS belastet. Gewisse PFAS sind für Menschen und Tiere toxisch und stehen wie PFOS (NCI 2023) im Verdacht, Krebs und zahlreiche andere gesundheitliche Auswirkungen zu verursachen (Fig 5). PFOA ist laut IARC krebserzeugend im Menschen (Zahm et al, 2024). Im Körper reichern sich perfluorierte Tenside im Blut und im Organgewebe an und werden nur langsam ausgeschieden (beim Menschen in 2,7 Jahren etwa um die Hälfte bei PFOA, bei PFOS in etwa 4,7 Jahren) (Rosato et al. 2024). Es ist daher leicht möglich, daß es durch die tägliche Aufnahme von PFAS-haltigen Lebensmitteln unwillentlich über Jahre zur Anreicherung von PFAS im Körper kommen kann. Nach oraler Aufnahme erfolgt die Resoption in den menschlichen Stoffkreislauf schnell und nahezu vollständig. Art und Geschwindigkeit der Ausscheidung hängen stark von der Kettenlänge der PFAS-Moleküle ab. Bei den untersuchten kurzkettigen PFAS beträgt die Halbwertszeit im Blut nur wenige Stunden. Sie werden über die Nieren im Urin ausgeschieden. Langkettige PFAS verbleiben über Jahre im Körper und verlassen ihn nur in kleinen Mengen über den Darm mit dem Stuhl (Abraham et al. 2024). Erste Nachweise im Blut von Chemiearbeitern wurden in den 1960er-Jahren erbracht. Erst im Jahre 2001 wurden entsprechend empfindliche Messmethoden veröffentlicht, die auch den Nachweis von PFAS-Belastungen in

der Allgemeinbevölkerung ermöglichten (Fricke und Lahl 2006).
Im Jahre 2006 wurden einzelne Vertreter der PFAS in Nie-

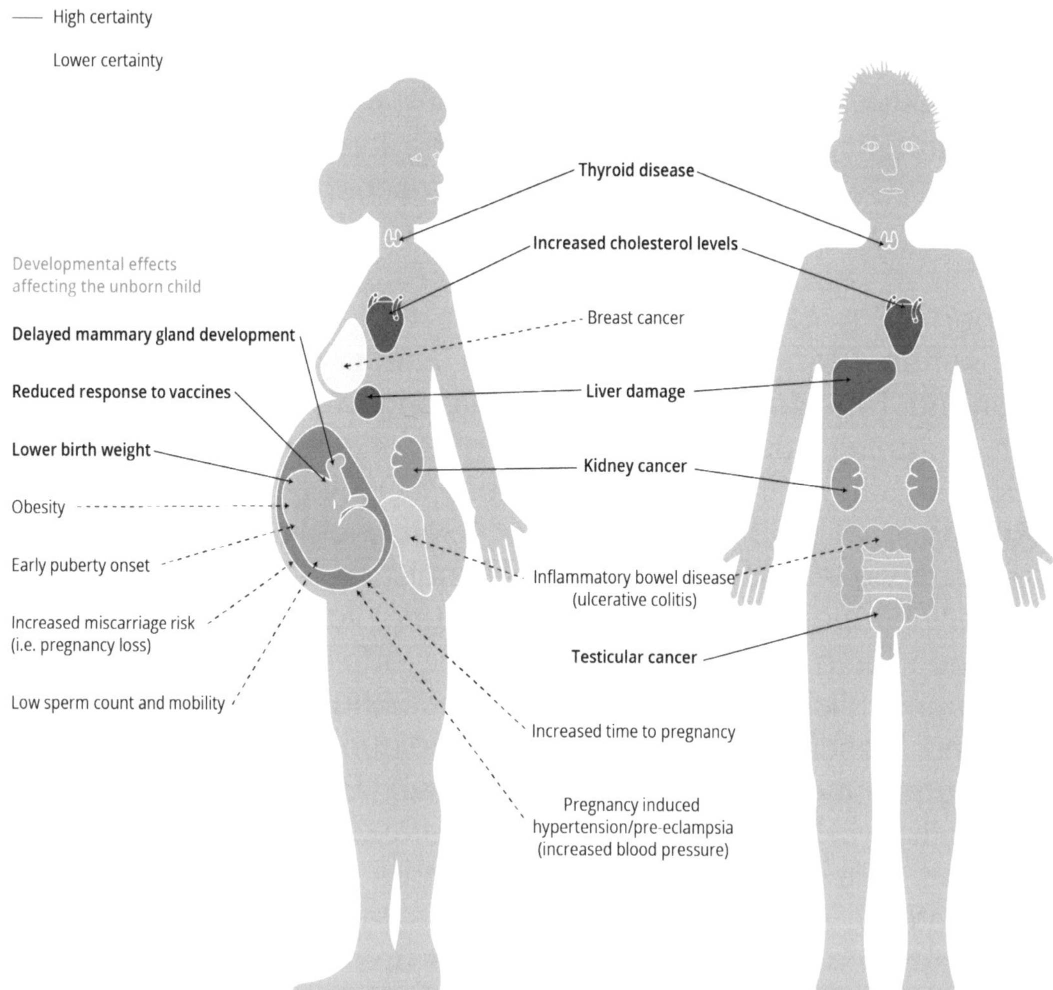

Fig. 5: Schematische Darstellung der wahrscheinlichen (starke Striche) bzw. möglichen (schwache Striche) Auswirkungen von inkorperierten PFAS (EUA 2019; ATSDR, 2018; IARC 2017; Barry et al., 2013; Fenton et al., 2009; White et al.2011).I

dersachsen in der Muttermilch nachgewiesen (Schölgens 2006). PFAS stehen im Verdacht, die Schilddrüsenhormone zu beeinflussen und dadurch zu neurologischen Entwicklungsstörungen beizutragen (Lee und Choi 2017). In einer Region Italiens mit durch PFAS kontaminiertem Trinkwasser wurden bei beiden Geschlechtern statistisch signifikant höhere Sterblichkeitsraten insgesamt und spezifisch für Diabetes mellitus, zerebrovaskulare Erkrankungen, Herzinfakt, und Alzheimer-Krankheit festgestellt (Mastrantonio et al. 2018).

Die jährlichen gesundheitsbezogenen Gesamtkosten im Zusammenhang mit der Exposition gegenüber PFAS wurden 2019 für die Länder des Europäischen Wirtschaftraums (EWR) auf mindestens 52 bis 84 Milliarden € (Nordic Council 2019) und für die Vereinigten Staaten im Jahr 2018 auf 60 bis 62 Milliarden $ geschätzt (Obsekov et al. 2023).

6. Reglementierungen von PFAS

Die Europäische Union plant einen umfassenden REACH-Beschränkungsprozess (Registration, Evaluation, Authorisation of Chemicals), welcher die Herstellung, das Inverkehrbringen und die Verwendung von PFAS innerhalb der EU verbieten soll. Die nationalen Behörden Dänemarks, Deutschlands, der Niederlande, Norwegens und Schwedens haben von der ECHA (European Chemical Agency) am 13.01.2023 einen Vorschlag zur Beschränkung von Per- und Polyfluoralkylstoffen (PFAS) im Rahmen von REACH vorgelegt, der nun dahingehend überprüft wird, ob die vorgeschlagene Beschränkung den rechtlichen Anforderungen von REACH entspricht. Betroffen ist demnach die gesamte Stoffgruppe mit rund 10.000 unterschiedlichen Verbindungen. Im Jahr 2019 forderte der EU-Ministerrat die Europäische Kommission auf, einen Aktionsplan zu entwickeln, um alle nicht wesentlichen Verwendungen von PFAS zu eliminieren. Grund dafür sind die zunehmenden Beweise für nachteilige Auswirkungen, die durch die Exposition gegenüber diesen Stoffen verursacht werden, das weit verbreitete Vorkommen von PFAS in Wasser, Böden, Gegenständen und Abfällen und die Bedrohung, die es für das Trinkwasser darstellen kann (Europäischer Rat 2019). Auf Initiative der Niederlande und unter der Co-Leitung von Deutschland haben diese Länder gemeinsam mit Dänemark, Norwegen und Schweden einen sogenannten Beschränkungsvorschlag auf der Grundlage der REACH-Verordnung eingereicht, um im

EWR ein Verbot der Herstellung, Verwendung, des Verkaufs und des Imports von PFAS zu erreichen (RIVM 2023). Der Vorschlag besagt, dass ein Verbot notwendig ist für alle Verwendungen von PFAS, mit unterschiedlichen Zeiträumen für unterschiedliche Anwendungen, wenn das Verbot in Kraft tritt (unmittelbar nach Inkrafttreten der Beschränkung, 5 Jahre danach oder 12 Jahre danach), je nach Funktion und Verfügbarkeit von Alternativen. Der Vorschlag hat die Verwendung von PFAS in Arzneimitteln, Pflanzenschutzmitteln und Bioziden nicht bewertet, da für diese Stoffe besondere Vorschriften gelten (Biozid-Verordnung, Pflanzenschutzmittelverordnng, Medizinprodukte-Verordnung), die über ein explizites Zulassungsverfahren verfügen, das sich auf Risiken für Gesundheit und Umwelt konzentriert.

Der Vorschlag wurde am 13. Januar 2023 eingereicht und am 7. Februar desselben Jahres von der Europäischen Chemikalienagentur (ECHA) veröffentlicht. Basierend auf den Informationen im Beschränkungsvorschlag und der Konsultation, verfassen die zwei ECHA-Ausschüsse RAC und SEAC jeweils eine Stellungnahme zu den Risiken und sozioökonomischen Aspekten der vorgeschlagenen Beschränkung. Innerhalb eines Jahres nach Veröffentlichung werden die Stellungnahmen an die Europäische Kommission übermittelt, die dann einen endgültigen Vorschlag unterbreitet, der den EU-Mitgliedstaaten zur Diskussion und Entscheidung vorgelegt wird (Anonymus 2023b). Achtzehn Monate nach der Veröffentlichung des

Beschränkungsentscheids wird das Verbot in Kraft treten. Natürlich kann die Beschränkung vom Vorschlag abweichen (Anonymus 2023b). Am 23. Januar 2023 erschien ein Bericht auf der Seite *tagesschau.de* unter dem Titel „Streit um Chemikalien / Wie Bayer, BASF & Co für PFAS lobbyieren." (Hoferichter et al. 2023). Im August 2023, zwei Monate vor Ende der öffentlichen Konsultation, wandten sich große deutsche Industrieverbände aus Automobilbau, Maschinenbau und Elektro- und Digitalindustrie gemeinsam gegen ein Verbot mit der Begründung, dass damit die Energie- und Mobilitätswende ausgebremst würde. Sie wurden dabei vom deutschen Wirtschaftsministerium unterstützt (Anonymus 2023). Für gewisse Verwendungen von PTFE beispielsweise gibt es noch keine gleichwertigen Alternativen (Lim 2023). Jedoch brauchte es auch einen Ansporn, nach Alternativen zu suchen: PFAS kommen unter anderem als wasserabweisende Beschichtung für beispielsweise Jacken zum Einsatz. Nachdem Greenpeace der Outdoor-Branche öffentlich Druck machte, tauchten Alternativen auf dem Markt auf. Diese waren anfangs weder hundertprozentig dicht noch ähnlich pflegeleicht – mittlerweile seien die PFAS-freien Beschichtungen aber ebenso funktional (Tagesschau 2023.

7. Konsorten PVC, PE, PET, PP, PS und PU/PUR

Es sei mir erlaubt, mit einer gewissen flapsigen Attitüde die sechs „Plastikgruppen" Polyvinylchlorid (PVC), Polyethylen (PE), Polyethylenterephthalat (PET), Polypropylen (PP) u.a. als Konsorten vorzustellen, da auch sie – ähnlich wie die PFAS – nicht nur praktisch von Bedeutung sein können, sondern dabei auch manchen problematischen Aspekt bergen. Daher werde ich alle Konsorten im Einzelnen vorstellen:

<u>Polyethylen</u> (PE) wird in drei unterschiedlichen Qualitäten hergestellt: HD-PE *(High-Density-PE)*, LLD-PE *(Linear-Low-Density-PE)*, LD-PE *(Low-Density-PE)*. HD-PE wird zur Fertigung von Flaschen, Getränkekästen, Fässern, Batteriegehäusen, Eimern, Schüsseln etc. verwendet. LD-PE besitzt hervorragende filmbildende Eigenschaften und wird vor allem zur Herstellung von Verpackungsfolien für Zigarettenpäckchen, CDs, Bücher, Papiertaschentücher etc. sowie Tragetaschen verwendet.

<u>Polypropylen</u> (PP) ist ein sehr harter, fester und mechanisch belastbarer Kunststoff mit der geringsten Dichte aller Massenkunststoffe. Aufgrund dieser Eigenschaften hat es teilweise bereits Metallwerkstoffe verdrängt. Ein erheblicher Teil des weltweit hergestellten Polypropylens wird für Lebensmittelverpackungen aufgewendet. Weitere Anwendungsgebiete sind (a) Luftfiltergehäuse, Scheinwerfergehäuse, Sitzbezüge und Gaspedale, (b) Gartenmöbel, Toilettendeckel, Kunstrasen, Möbelscharniere (c) Brillenetuis, Koffer, Schulranzen, sterilisierba-

re medizinische Geräte

<u>Polyvinylchlorid</u> (PVC) gilt aufgrund des ungewöhnlich hohen Chloranteils und der damit bei der Verbrennung entstehenden Nebenprodukte, wie Chlorgas und Chlorwasserstoff (Salzsäure), als umweltschädlicher Kunststoff. Außerdem enthält vor allem Weich-PVC viele Weichmacher[2], die teilweise gesund-

---

2 Weichmacher auf Basis von Phthalaten können Unfruchtbarkeit bei Männern verursachen, da sie in ihrer Wirkung bestimmten Hormonen ähnlich sind. Die Mitgliedsstaaten der Europäischen Union stuften die Phthalate DEHP, DBP und BBP als fortpflanzungsgefährdend ein (UBA 2015; Cai und Zhang 2015; Chavarro et al. 2016: Chen und Yang 2017). Sie beeinflussen die Testosteron-gesteuerten Entwicklungsstufen. Außerdem stehen sie in Verdacht, Diabetes zu verursachen (DGE 2012). Auch das als nötiges Antioxidans zugesetzte – also damit vergesellschaftete – Bisphenol A steht im Verdacht, gesundheitliche Aus-wirkungen zu zeigen.

Die Aufnahmewege für den Menschen sind kontaminierte Nahrungsmittel (Hauptanteil der Gesamtaufnahme), Inhalation, Trinkwasser, Muttermilch und der Hautkontakt mit Kosmetika oder Thermopapier (bis zu 15 % der Gesamt-exposition, enthalten z. B. in Rechnungen, Parkscheinen, Eintrittskarten etc.), in denen Phthalate in besonders leicht löslicher Form vorliegen und über die Haut aufgenommen werden können (Net et al. 2015; EFSA 2013).

Phthalatweichmacher wurden zwar von der EU für Kinderspielzeug verboten, wurden aber dennoch in vielen

heitsschädlich sind, zudem ist das zur Herstellung benötigte Vinylchlorid krebserregend. Generell wird zwischen Hart-Polyvinylchlorid und durch Zusatz von Weichmachern herge-stelltes Weich-Polyvinylchlorid unterschieden. Hart-PVC besitzt eine hohe Steifigkeit und Härte. Es ist extrem schwer entflamm-bar, kann in der Hitze eines bestehenden Brandes allerdings

____

Buntstiften nachgewiesen. Dies ist auf Dauer für Kinder gefährlich, da sie durch das Kauen auf den lackierten Flächen gesund-heitlich geschädigt werden können (Stiftung Warentest 2008).

In deutschen Kindergärten wurden im Mittel dreimal so hohe Belastungen mit verschiedenen Weichmachern wie in einem durchschnittlichen deutschen Haushalt festgestellt. Das ist bedenklich, denn Weichmacher stehen im Verdacht, den Hormonhaushalt zu beeinflussen. Besonders für Kinder und Föten im Mutterleib ist das gefährlich: Unfruchtbarkeit, Leberschäden oder Verhaltensstörungen könnten ausgelöst oder gefördert werden (WDR 2011).

Alternativen zu Weichmachern aus der Gruppe der Phthalate können nur bei gleichzeitiger Neuoptimierung physikalischer und chemischer Eigenschaften eingesetzt werden, eine einfache Austauschsubstanz existiert nicht (Pritchard 2006). So wurden auch die Alternativen zu Bisphenol A, Bisphenol S und F in aktuellen Studien für hormonell aktiv befunden und stehen im Verdacht, ähnliche Auswirkungen wie Bisphenol A auf die Reproduktion, den Metabolismus und neurologische Funktionen des Menschen und mariner Lebewesen zu haben (Worland 2015; Rochester und Bolden 2015). Bisphenol S und F als

Chlorwasserstoff und Dioxine freisetzen. Es zeigt eine sehr gute Beständigkeit gegen Säuren, Basen, Fette, Alkohole und Öle. Aus diesem Grund wird es vor allem zur Herstellung von Abwasserrohren und Fensterprofilen eingesetzt. Weich-PVC ist gummielastisch und lederähnlich und wird zur Herstellung von Bodenbelägen, Dichtungen, Schläuchen, Kunstleder, Tapeten, Dachbahnen etc. verwendet.

<u>Polystyrol</u> (PS) zeichnet sich durch geringe Feuchtigkeitsaufnahme, gute Verarbeitbarkeit und sehr gute elektrische Eigenschaften aus. Sie unterscheiden sich in ihrer Schlagfestigkeit. Nachteile sind seine Neigung zur Spannungsrissbildung, die geringe Wärmebeständigkeit, Entflammbarkeit und seine Empfindlichkeit gegenüber organischen Lösungsmitteln. Mittels Pentan aufgeschäumtes Polystyrol wird unter anderem als *Styropor* vertrieben. Es wird verwendet (a) in der Elektrotechnik: als Isolierung von elektrischen Kabeln, Material für Gehäuse, Schalter etc. (b) in der Bauindustrie als Dämmstoff, (c) für Verpackungen.

<u>Polyurethan</u> (PU/PUR) kann sehr stark in seiner Elastizität variiert werden. So werden sehr elastische PUR-Textilfasern *(Elastan)* aus Polyestern und Urethanhaltigen Polyestern hergestellt,

---

Inhaltsstoffe sowie viele andere Weichmacher in Produkten sind in Deutschland nicht kennzeichnungspflichtig. Hersteller und Unternehmen sind jedoch laut Europäischer Chemikalienverordnung REACH verpflichtet, besorgten Verbrauchern auf Anfrage Auskunft über alle enthaltenen Bestandteile und deren Gefährlichkeit zu geben (BUND 2015).

ebenso dienen Urethanhaltige Polymere als Zusatz in Lacken und Materialien für Leiterplatten *(Bectron)*. Die bekannteste Anwendung dürften Polyurethanschaumstoffe sein. Sie dienen als Matratzen, in Autositzen, Sitzmöbeln, Dämmmaterial, Schwämmen. Durch Wahl der Einzelkomponenten werden die genauen Materialeigenschaften eingestellt. Die wichtigste Anwendung ist wohl der Rostschutz von Auto-Karosserien. Auf den blanken Eisenkarossen werden hydroxygruppenhaltige und urethangruppenhaltige Einzelpolymere abgeschieden. Bei 120–160 °C werden diese dann untereinander vernetzt, es bildet sich eine überall gleichdicke rostverhindernde Polymerschicht auf dem Eisen.

<u>Polyethylenterephthalat</u> (PET) ist ein Polyester aus Terephthalsäure und Ethylenglycol. Teil-kristallines *(C-PET)* Material besitzt hohe Steifigkeit, Härte, Abriebfestigkeit und ist beständig gegen verdünnte Säuren, Öle, Fette und Alkohole. PET-Flaschen sind jedoch empfindlich gegenüber heißem Wasser. PET wird angewendet (a) in der Elektrotechnik für Haushalts- und Küchengeräte, Computer etc. (b) im Maschinenbau für Zahnräder, Lager, Schrauben und Federn (c) in der Medizin für Implantate. Amorphes PET zeigt eine geringere Steifigkeit und Härte als C-PET, aber bessere Schlagzähigkeit. Da es transparent, aber leichter als Glas ist, wird es als Material für Getränkeflaschen und Verpackungen für Lebensmittel und Kosmetika verwendet. In der Elektrotechnik finden PET-Folien als Trägermaterial für Magnetbänder Verwendung.

In welchem Ausmaß kommt die Menschheit mit diesen Kunststoffen täglich in Kontakt und beinhaltet das möglicherweise gesundheitliche Folgen. Zur Klärung dieser Fragen kann es förderlich sein, zunächst aufzuführen, wie hoch ihre jährliche Produktion quantitativ und qualitativ ist. Weltweit werden derzeit rund 380 Millionen Tonnen Kunststoff pro Jahr verbraucht (Tab.4). Im Durchschnitt wuchs die Produktion von Kunststoffen seit 1950 um ca. 8,4 % pro Jahr; eine qualitative Aufschlüsselung zeigt Tab. 5.

Tab. 4 Jährliche Produktion an Kunststoffen weltweit. (Wikipedia)

Jahr	Produktion in Tonnen
1930	10000
1949	1000000
1965	15000000
1976	50000000
2003	200000000
2008	280000000
2017	380000000
2020	500000000

Tab. 5. Produktion von Kunststoffen in Deutschland 2007 (Wikipedia)

Substanzklasse	Jahresproduktion in Tonnen	Umsatz in Mio. Euro	mittlerer Grundpreis in Euro je Tonne
Polyethylen (d>0,94)	1.786.268	1.275	713,78

Substanzklasse	Jahresproduktion in Tonnen	Umsatz in Mio. Euro	mittlerer Grundpreis in Euro je Tonne
Ethylen-Polyvinylacetat	31.424	43,5	1384,29
Expandierbares Polystyrol	475.606	515	1082,83
Anderes Polystyrol	426.272	145,5	341,33
Einheitliches Polyvinylchlorid	1.564.029	1.101	703,95
Weichgemachtes Polyvinylchlorid	113.212	148,4	1310,82
Vinylchlorid-Vinylacetat-Copolymere	437.527	356,5	814,81
Polyacetale	140.244	333	2374,43
Polyetheralkohole	566.463	562,7	993,36
Epoxidharze (Formmassen)	99.320	55,2	555,78
Epoxidharze (Klebstoffe)	22.406	40,3	1798,63
Epoxidharze (andere)	179.426	343,2	1912,77
Polycarbonate	326.279		
Alkydharze	255.622	208,4	815,27
Polyethylenterephthalat	534.093	615,1	1151,67
Andere Polyester	489.338	583	1191,41
Polypropylen	1.928.257	1.429	741,08
Polypropylen-Copolymere	493.962	298	603,29
Vinylacetat-Copolymere, wässrig (Klebstoffe)	227.115	132,2	582,08

Substanzklasse	Jahresproduktion in Tonnen	Umsatz in Mio. Euro	mittlerer Grundpreis in Euro je Tonne
Acrylpolymere	201.325	562,7	2794,98
Acrylpolymere (Formmassen)	600.940	801,9	1334,41
Andere Acrylpolymere	952.756	650,5	682,76
Polyamide (Formmassen)	587.024	1.296	2207,75
Anderes Polyamid	610.896	732,6	1199,22
Harnstoffharze	1.013.900	358	353,09
Melaminharze	355.616	338,9	952,99
Andere Aminoharze, Polyurethane	493.962	298	603,29
Andere Phenolharze	256.604	296,5	1155,48
Andere Polyurethane	1.065.888	1.666	1563,02
Andere Silikone	427.141	1.570	3675,60
Celluloseether und Derivate	188.348	544	2888,27
Synthetischer Kautschuk, Latex	728.442	562,1	771,65

Bereits 1957 wurde eine Kunststoffkommission des Bundesgesundheitsamtes gegründet, um sich mit den vom Kunststoff ausgehenden Gesundheitsgefahren auseinanderzusetzen. Im Gründungsdokument steht der folgende Satz: „Die zunehmende Verwendung von Kunststoffen bei Bearbeitung, Verteilung und Verbrauch von Lebensmitteln, z. B. als Verpak-kungsmaterial, in Form von Folien sowie als Eßgeschirr, Trink-becher usw., hat zahlreiche gesundheitliche Probleme aufge-worfen … (Bulletin der Bundesregierung Nr.156 vom 24. August 1957)".

Polymere (Hauptbestandteile von Kunststoffen) selbst gelten unter den physikochemischen Bedingungen des Körpers als unreaktiv (inert) und können von den Zellen lebender Organismen nicht aufgenommen werden.

Untersucht werden allerdings mögliche Gefahren von Mikro-plastik. Gefahren können außerdem von teilweise zugesetzten Additiven ausgehen. Additive können an der Oberfläche des Materials, so bei Bodenbelägen, austreten *(Ausschwitzen)*. Aus diesem Grunde gelten für Lebensmittelverpackungen, Kunst-stoffe in der Medizin und ähnliche Anwendungen besonders strenge Auflagen hinsichtlich der Verwendung von Additiven. Die in solchen Bereichen eingesetzten Kunststoffe bedürfen einer Zulassung, beispielsweise durch die FDA.

In diesem Zusammenhang ist in der Vergangenheit vor allem Weich-PVC in die Kritik geraten, da diesem Kunststoff beson-ders große Mengen an Weichmachern zugesetzt werden. Es ist daher schon seit langem nicht mehr als Verpackung für Lebensmittel zugelassen. Ebenso ist in der Europäischen Union Herstellung und Vertrieb von Spielzeug für Kinder bis zum Alter von drei Jahren aus Material untersagt, das Phthalat-Weich-macher (vorrangig DEHP) enthält. Allerdings werden bis heute vor allem in Fernost produzierte Spielzeuge aus Weich-PVC verkauft.

Die in der EU hergestellten und vertriebenen Bodenbeläge, Trinkflaschen, Lebensmittelverpackungen, Kosmetikbehälter, Babyprodukte, Kunststoffspielzeuge etc. erhalten oft gesundheitsschädliche Additive. Die endokrinologische Fachgesellschaft Endocrine Society, die European Society of Endocrinology, die European Society for Pediatric Endocrinology, die Deutsche Gesellschaft für Endokrinologie, das National Institute of Environmental Health Sciences, die UNEP sowie die Weltgesundheitsorganisation (WHO) sehen es als erwiesen an, daß Weichmacher und andere Kunststoffadditive im menschlichen Körper bereits in geringsten Mengen als endokrine Disruptoren wirken und so schädlichen Einfluss auf das Hormonsystem ausüben. Demnach sind zahlreiche Additive (u. a. Phthalate, Parabene und Phenole) unter anderem an der Entstehung von Brust- und Prostatakrebs, Unfruchtbarkeit, Diabetes mellitus, kardiovaskulären Erkrankungen, Schilddrüsenerkrankungen, kindlichen Entwicklungsstörungen sowie neurologischen, neurodegenerativen und psychischen Erkrankungen beim Menschen ursächlich beteiligt (Gore et al. 2015; WHO 2012; Slama et al. 2017).

Zahlreiche medizinische Fachgesellschaften aus verschiedenen Ländern kritisieren, dass die aktuellen Grenzwerte unzureichend seien und deutlich stärkere Regulationsbemühungen nötig wären, um Verbraucher vor den gesundheitsschädlichen Auswirkungen von Kunststoffen zu schützen (ZHAW 2023; Wüthrich et al. 2022). Obwohl Wissenschaftler seit über 25 Jahren vor den Gefahren von endokrinen Disruptoren warnen würden, seien kaum politische Maßnahmen ergriffen worden, die Exposition von Verbrauchern gegenüber endokrinen Disruptoren zu reduzieren (Amt 2023).

Des Weiteren wird kritisiert, dass die kunststoffproduzierende Industrie zu großen Einfluss auf den Zulassungs-, Bewertungs- und Gesetzgebungsprozess habe und durch gezielte Desinformation der Öffentlichkeit und Infiltration wissenschaftlicher Fachzeitschriften versuche, die öffentliche Meinung einseitig zu beeinflussen und den wissenschaftlichen Konsens zur Gefährlichkeit von Kunststoffen zu leugnen. Dabei würden ähnliche Methoden angewendet wie jene, mit denen im zwanzigsten Jahrhundert die Regulation von Asbest und Tabakrauch herausgezögert worden sei (sg.ch 2024).

Die größte und älteste endokrinologische Fachgesellschaft der Welt, die Endocrine Society, widerspricht explizit den Beteuerungen von Herstellern und staatlichen Risikobewertungsinstituten, wonach bei Einhaltung der aktuellen Grenzwerte keine Gesundheitsgefahr bestehe, und weist darauf hin, dass es keine Grenze gebe, unterhalb derer von einer gesundheitlichen Unbedenklichkeit ausgegangen werden könne (VADIAN 2024).

8. Mikroplastik

Nach einer Studie der IUCN[3] von 2017 werden nur zwei Prozent des in die Ozeane eingetragenen Mikroplastiks durch Aktivitäten auf See verursacht, der überwiegende Teil (98 %) durch Aktivitäten an Land. Der größte Teil dieser Partikel stammt aus dem Waschen von synthetischen Textilien (35 %) und aus dem Abrieb von Reifen von Kraftfahrzeugen (28 %). Weiterhin folgen Feinstaub aus Städten (24 %), Abtrag von Straßenmarkierungen (7 %), Reste aus Schiffsbeschichtungen (3,7 %), Rückstände aus Kosmetikprodukten (2 %) sowie Plastikpellets (0,3 %) (Boucher und Friot 2017). Im Fall von Straßenmarkierungen ergab eine kürzlich durchgeführte Studie, daß Markierungen durch eine Schicht aus Glasperlen geschützt sind und ihr Anteil nur 0,1 bis 4,3 g/Person/Jahr ausmacht, was bedeuten würde, dass ihr Beitrag nur etwa 0,7 % beträgt (Burghardt et al. 2022). In die Meere gelangen diese Kunststoffe hauptsächlich über Straßenabflüsse (66 %), Abwasserbehandlungssysteme (25 %) und durch Windübertragung (7 %). Die Hauptquelle für Mikroplastik in Flüssen und Seen sind Reifenabriebe (Boucher und Friot 2017; Couwerberghe et al. 2013). Die Reifenhersteller gehen nach eigenen Studien davon aus, dass Reifenabriebspartikel keine signifikanten toxischen Wirkungen auf die Umwelt haben (Chmielewski 2019). Anderen Studien zufolge ist der Reifenabrieb Quelle für Gummi, Ruß und Oxide von Schwermetallen wie Zink, Blei, Chrom, Kupfer und Nickel (Göbel et al. 2007).

---

3   = International Union for Conservation of Nature

Nach einer Abschätzung der Empa[4] stammen in der Schweiz 93 Prozent des in die Umwelt freigesetzten Mikroplastiks aus dem Reifenverschleiß (Anonymus 2024).

Laut niedersächsischer Landesregierung sind die drei größten Quellen für den Eintrag von Mikroplastik in die Umwelt der Gummiabrieb von Reifen, gefolgt von Verlusten bei Produktion und Transport sowie an dritter Stelle Überreste von Kunstrasenplätzen (Altwig 2018). Im Kunstrasen eines Fußballplatzes können 40 bis 100 Tonnen an Einstreumaterial eingearbeitet sein. Am gängigsten ist dabei ein Produkt in Form kleiner Kügelchen auf der Basis von Altreifen. Nach in Schweden und Norwegen vorgenommenen Untersuchungen werden jährlich fünf bis zehn Prozent des Füllmaterials herausgelöst und müssen wieder ersetzt werden. Allein in Schweden sind das bis zu 4.000 Tonnen jedes Jahr, die im Meer landen. Der dortige Anteil infolge Autoverkehrs – vorwiegend durch Reifenabrieb – wird auf 13.500 Tonnen geschätzt. Demgegenüber steht Mikroplastik aus Hygiene- und Kosmetikartikeln mit jährlich 66 Tonnen (Wolff 2012). In Norwegen werden Kunstrasenanlagen mittlerweile als zweitgrößter landbasierter Mikroplastik-Verursacher eingeordnet – hinter Autoreifen aus Kunststoff. Rund 1600 entsprechende Sporteinrichtungen gibt es dort, die bis zu 3.000 Tonnen Mikroplastik pro Jahr abgeben, letztlich ins Meer (Wolff 2012). Einer Veröffentlichung der norwegischen Umweltbehörde aus dem Jahr 2014 zufolge stammen 54 Prozent des Mikroplastiks in den Meeren vom Abrieb von Autoreifen (Sundt et al. 2018).

---

4   = Eidgenössische Materialprüfungs- und Forschungsastalt

Bereits 2011 berichteten Browne et al. von ihrer Untersuchung an Stränden, bei der auf allen Kontinenten Mikroplastik gefunden wurde; darunter wohl auch Fasern von Kleidungsstücken aus synthetischen Materialien (z. B. Fleece): Im Abwasser von Waschmaschinen finden sich bis zu 1900 Faserteilchen pro Waschgang. Eine Untersuchung des österreichischen Umweltbundesamtes von Polyesterblusen ergab, hochgerechnet auf die österreichischen Haushalte, daß dort durch die Kleidung rund 126 Tonnen Mikroplastik ins Abwasser gelangt (Steiner 2019). Weltweit sind es schätzungsweise rund eine halbe Million Tonnen (Anonymus 2018). 2020 zeigte sich in einer Untersuchung, dass beim Trocknen von Textilien in Wäschetrocknern Mikroplastik über die Abluft in die Umwelt abgegeben wird (Kapp und Miller 2020). Mikroplastik von Kunstfaserkleidern gelangt nicht nur beim Waschen selbst, sondern hauptsächlich beim Tragen (etwa 3 mal mehr als beim Waschen) in die Umwelt (Hagmann 2019; Dichmann 2020; de Falco et al. 2020). Die künstlichen Fasern von Outdoor-Bekleidung lassen sich in erheblichen Mengen in der Natur nachweisen und sind in manchen Gebieten, wie im Eis des Forni-Gletschers, als Hauptursache der Verschmutzung bekannt (Anonymus 2019). Mikroplastik kann auch ein Bestandteil von Waschmitteln sein. In fester Form wurde es u. a. bei Waschmitteln von Ariel, Lenor, Sunil nachgewiesen (Wirag 2019).Mikro-Kunststoffpartikel sind auch Bestandteil z. B. von Zahnpasta, Duschgel, Lippenstift oder einem Peelingmittel. Die Hersteller fügen sie Produkten hinzu, damit die Anwender einen mechanischen Reinigungseffekt erzielen (Krieger 2013). Manche Produkte enthalten bis zu zehn Prozent Mikroplastik. Nach Angaben des UBA von 2015 werden Kosmetika in Deutschland circa 500 Tonnen Mikroplastik pro Jahr zugesetzt. Colgate-Palmolive gab Mitte 2014 an, seine Zahnpasten enthielten keine Plastikpartikel mehr (Kandefendt 2018). Unilever, L Òreal sowie Johnson & Johnson wollten bis 2015 aus der Verwendung von Mikroplastik aussteigen, Procter & Gamble wollte 2017 folgen (Scinexx 2013). Eine BUND-Veröffentlichung vom Juli 2017 listete immer noch mehrere hundert Mikroplastik-Kosmetikprodukte auf dem deutschen Markt auf, darunter nach wie vor Produkte der oben genannten Firmen (Weber 2017).

Fig. 5a: Nach einmaligem Gebrauch bereit zu „jahrelangem Überdauern" als Mikroplastik allüberall.

An dieser Stelle sei mir ein „persönlicher Einschub" erlaubt: Ich bin entsetzt, mit welcher Unbekümmertheit die „Krönung der Schöpfung" an ihrem eigenem Untergang werkelt.

In einer Untersuchung der Umweltagentur des dänischen Ministeriums für Umwelt und Ernährung zu Vorkommen, Auswirkungen und Quellen von Mikroplastik wurde 2015 überschlagen, dass dort die jährlichen Emissionen von Mikroplastik circa 5.500 bis 13.900 Tonnen betragen. Rund ein Zehntel davon stellen Partikel der Primärproduktion, 460 bis 1700 Tonnen. Die restlichen neun Zehntel, 5.000 bis 12.200 Tonnen, sind erst durch Abrieb oder Gebrauch entstandene Plastikmüll-Partikel unter 5 mm (insbesondere von Reifen, 4400–6600 t, und Textilien, 200–1000 t). Allerdings ist in dieser Aufstellung noch nicht das durch Zerfall größerer Kunststoffteile aus Makroplastik in der Umwelt sekundär entstehende Mikroplastik enthalten (Lassen et al. 2015).Des Weiteren gibt es noch viele andere Ursachen, welche Mikroplastik in die Umwelt freigeben. Zum Beispiel entsteht beim Abschleifen von Brillengläsern aus Kunststoff Mikroplastik, welches üblicherweise direkt mit dem Abwasser entsorgt wird (Peukert 2022).

Ein häufig in der Lebensmittelindustrie und Pharmazie eingesetzter Kunststoff ist Polyvinylpyrrolidon (PVP). Polymere davon mit geringem Molekulargewicht sind wasserlöslich, solche mit höherem Molekulargewicht nicht. Die oft behauptete Einlagerung von als Nahrungsbestandteil aufgenommenem PVP in den Körper ("Einlagerungskrankheit") und ein Zusammenhang von PVP mit Morgellons sind wissenschaftlich nicht erwiesen. Wiederholte Injektionen PVP-haltiger Arzneistoffe können jedoch „pseudotumoröse Fremdkörpergranulome", eine Fremdkörperreaktion, hervorrufen (Bork 1999).

Neben dem als solches in die Umwelt eingetragenen oder eingeschwemmten Mikroplastik entstehen in der Umwelt durch den Zerfall von Makroplastik sogenannte sekundäre Mikroplastikpartikel (Wehr-Zenz 2022). Dieses Mikroplastik wird z. B. infolge Versprödung und Zerlegung größerer Kunststoffteile, wie Verpackungen, Möbelresten, Bauteilen oder Geisternetzen im Treibgut, gebildet. Hier spielt neben der mechanischen Zerkleinerung, etwa durch Wellenbewegungen in der Brandungszone, die Zersetzung durch Einwirkung der UV-Strahlung von Sonnenlicht eine besondere Rolle. Im Zuge des Zerfallsprozesses entstehen immer mehr und immer kleinere Plastikpartikel, aus Makro- bzw. Mesoplastik wird so sekundäres Mikroplastik. Die Zersetzung dauert oft über hundert Jahre, womit die Partikel als persistent bezeichnet werden können.

Tab. 6: Aufkommen von jährlichen Mikroplastik-Emissionen in Deutschland

Mikroplastik-Emissionen **in** **Deutschland** **(in Gramm pro Person und Jahr)**	
Herkunft	Gramm
Reifenabrieb	1228,5
Abfallentsorgung	302,8
Asphalt	228
Kunststoffgranulat	182
Sport- und Spielplätze	131,8

Baustellen	117
Schuhsohlen	109
Kunststoffverpackungen	99,1
Fahrbahnmarkierungen	91
Textilwäsche	76,8
Abrieb Farben und Lacke	65
Abrieb landw. genutzte Kunststoffe	45
Flockungsmittel Siedlungswasserwirtschaft	43.5
Abrieb Besen & Kehrmaschinen	38.3
industrieller Verschleißschutz/Förderbänder	30
Gebindenassreinigung	23
Zusätze in Kosmetik	19
Abrieb Riemen	16.5
Rohrleitungen	12.0
Wasch-, Pflege- & Reinigungsmittel in privaten Haushalten	4.6
Zusätze in Medikamenten	1.3
Quelle: Bertling et al. 2018	

Nach einer vom Frauenhofer-Institut 2018 erstellten Studie macht in Deutschland die Emission von Mikroplastik etwa drei Viertel des gesamten Plastikeintrags in die Umwelt aus und beträgt etwa 330.000 Tonnen pro Jahr. Dies entspricht pro Person rund 4 Kilogramm, was im weltweiten Vergleich extrem hoch ist. Der weitaus größte Teil entsteht durch den Reifenverschleiß im Straßenverkehr, über 1200 Gramm pro Person und Jahr, ganz überwiegend von PKW. Nicht unwesentliche Emissionen entstehen auch mit 303 Gramm durch Freisetzung bei der Abfallentsorgung, mit 228 Gramm durch Abrieb von Bitumen im Asphalt, mit 182 Gramm durch Pelletverluste und mit 131,8 Gramm durch Verwehungen von Sport- und Spielplätzen, insbesondere von Kunstrasenplätzen (101,5 Gramm). Die Freisetzung auf Baustellen wird mit 117 Gramm, der Abrieb von Schuhsohlen mit 109 Gramm und der Faserabrieb bei der Textilwäsche mit 77 Gramm in Anschlag gebracht (Bertling et al. 2018).

Eine ebenso vom Fraunhofer-Institut 2018 erstellte Studie (im Auftrag des Naturschutzbunds Deutschland) zu Mikroplastik und synthetischen Polymeren in Kosmetikprodukten sowie Wasch-, Putz- und Reinigungsmitteln schätzt allein deren Emission in Deutschland auf etwa 977 Tonnen jährlich an Mikroplastik (sowie 46.900 Tonnen an gelösten Polymeren im Abwasser) (Bertling et al. 2018).

Mikroplastik kann via Atmosphäre in die Arktis und andere abgelegene Regionen transportiert werden (Bourzec 2020; Denny 2021). Die höchsten Konzentrationen von Mikroplastik wurden bei entsprechenden Untersuchungen des Alfred-Wegener-Instituts Bremerhaven (AWI) 2014/15 in der Zentral-Arktis gefunden, wo ein Eintrag z. B. durch Flüsse auszuschließen ist: In einem Liter Meereis fanden sich hier bis über 12.000 Partikel (Zischup 2018). In arktischem Meerwasser wurden durchschnittlich 40 Partikel pro Kubikmeter gefunden, was in etwa den Konzentrationen in europäischen Flüssen entspricht (Gschweng 2020; Simon 2021) .

Der größte Teil der Mikroplastikemissionen landet im Boden (Kawecki und Nowack 2019). Bislang wurden in Böden und Sedimenten („terrestrische Systeme") nur punktuelle Untersuchungen vorgenommen, sodass über entsprechende Vorkommen und Wirkungen wenig bekannt ist (Rillig 2017; Horton et al. 2017). Es zeichnet sich jedoch bereits eine Omnipräsenz in sämtlichen Erde ab (Piehl et al. 2018;Laforsch 2019). Laut der Eidgenössischen Materialprüfungs- und Forschungsanstalt, landete 2018 in der Schweiz 78 Prozent des Reifenverschleißes im Boden (Sieber et al. 2019; Zogg 2019).

Wissenschaftler der Universität Bern haben in Naturschutzgebieten bei 90 Prozent der beprobten Auenböden Mikroplastik gefunden. Hochrechnungen gehen davon aus, dass allein die Menge Mikroplastik, welche mit Klärschlämmen jährlich in den Boden gelangt, größer ist als diejenige, welche in den Weltmeeren landet (Anonymus 2018a). Die Forscher schätzen, dass in den obersten fünf Zentimeter der Auen rund 53 Tonnen Mikroplastik liegen. Selbst viele Böden entlegener Berggebiete sind mit Mikrokunststoff kontaminiert, was einen äolischen Transport nahe legt. Neue Studien deuten darauf hin, dass Mikroplastik im Boden Regenwürmer töten und damit die Bodenfruchtbarkeit beeinträchtigen kann (Scheurer und Bigalke 2018). Eine britisch-niederländische Arbeit geht bei Böden vom 4- bis 23fachen des in Salzwasser vermuteten Mikroplastik-Gehalts aus (Gruber 2018). Neben dem Eintrag über Klärschlamm stellen auch Mulchfolien eine bedeutende Ursache für die Bodenkontamination mit Mikroplastik dar (Buks und Kaupenjohann 2021).

Wissenschaftler der Universität Bayreuth schätzen, daß ein untersuchter Acker in Mittelfranken zwischen 158.100 und 292.400 Mikroplastikpartikel pro Hektar (entspricht 16–29 Partikel pro Quadratmeter) enthält. Bei der Schätzung wurden Plastikpartikel in der Größe von einem bis fünf Millimeter einbezogen (Piehl et al. 2018). Werden auch kleinere Teile berücksichtigt, kann der Wert auf über 100.000 Partikel pro Kilogramm Erde ansteigen (Diener 2020; Schildknecht 2022).

Die meisten Bioabfälle aus privaten Haushalten und Kommunen sind mit verschiedenen Kunststoffen verunreinigt. deutlich reduzieren, aber nie vollständig entfernen. Selbst Siebverfahren und Sichtung können diese Verunreinigungen Fruchtschalen werden zum Teil mit Polyethylenwachs behandelt

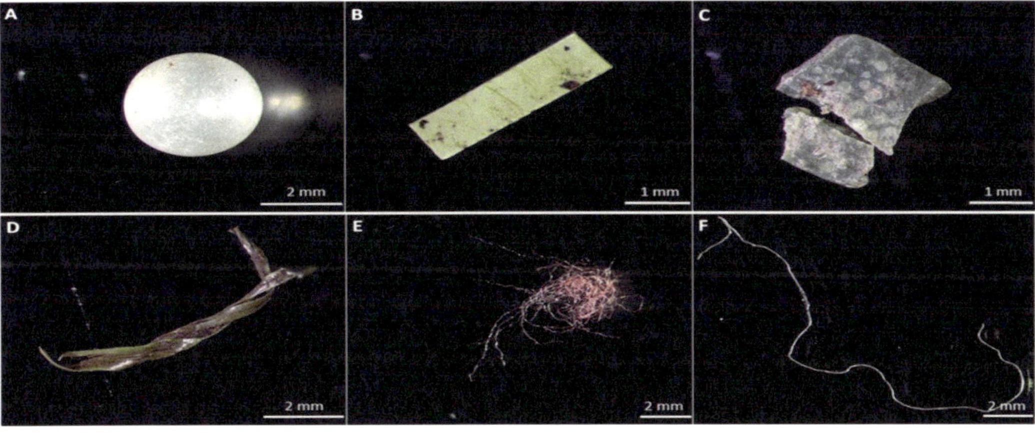

Fig. 6. Beispiele für Mikroplastikteilchen im Kompost (Weithmann et al. 2018)

(EatSmarter 2019). Wissenschaftler der Universität Bayreuth fanden in einem Kilo Kompost bis zu 895 Mikroplastikteilchen (Fig.6) (Weithmann et al. 2018; Falkowski 2016).

Darüber hinaus erlauben die meisten Länder eine gewisse Menge an Fremdstoffen, wie z. B. Kunststoffe in Düngemitteln; so erlauben Deutschland und die Schweiz (ChemRRV 2018), die eine der weltweit strengsten Vorschriften zur Düngemittelqualität haben, bis zu 0,1 Gewichtsprozent Kunststoffe. In dieser Verordnung werden Partikel kleiner als 2 mm nicht einmal berücksichtigt. Dies führt in der Regel dazu, dass aus dem Lebensmitteleinzelhandel stammende Abfälle, samt Verpackung von den Biogasanlagen abgenommen werden (Breitinger 2015; Nieberg 2019). So können auch organische Düngemittel, wie die Gärreste aus den Biogasanlagen, auch eine bedeutende Quelle für Mikroplastik sein (Nieberg 2019; Kroeske 2019; Weithmann et al. 2018). Auch Bodenverbesserer, Pflanzenschutzmittel, Saatgut und Hilfsmittel wie Bewässerungssysteme tragen zur Bodenkontamination bei (Holdinghausen 2021).

Jedes Jahr gelangen weltweit über drei Millionen Tonnen Mikroplastik-Partikel ins Meer. Sie stammen hauptsächlich aus synthetischen Textilien und dem Abrieb von Autoreifen (Vitorelli 2018) und wurden bereits im Benthal des Marianengrabens entdeckt – der tiefsten Stelle im Weltmeer (Peng et al. 2018). 2016 wurden im Kurilengraben 14 bis 209 Mikroplastikpartikel pro Kilogramm Trockensediment nachgewiesen (Abel et al.

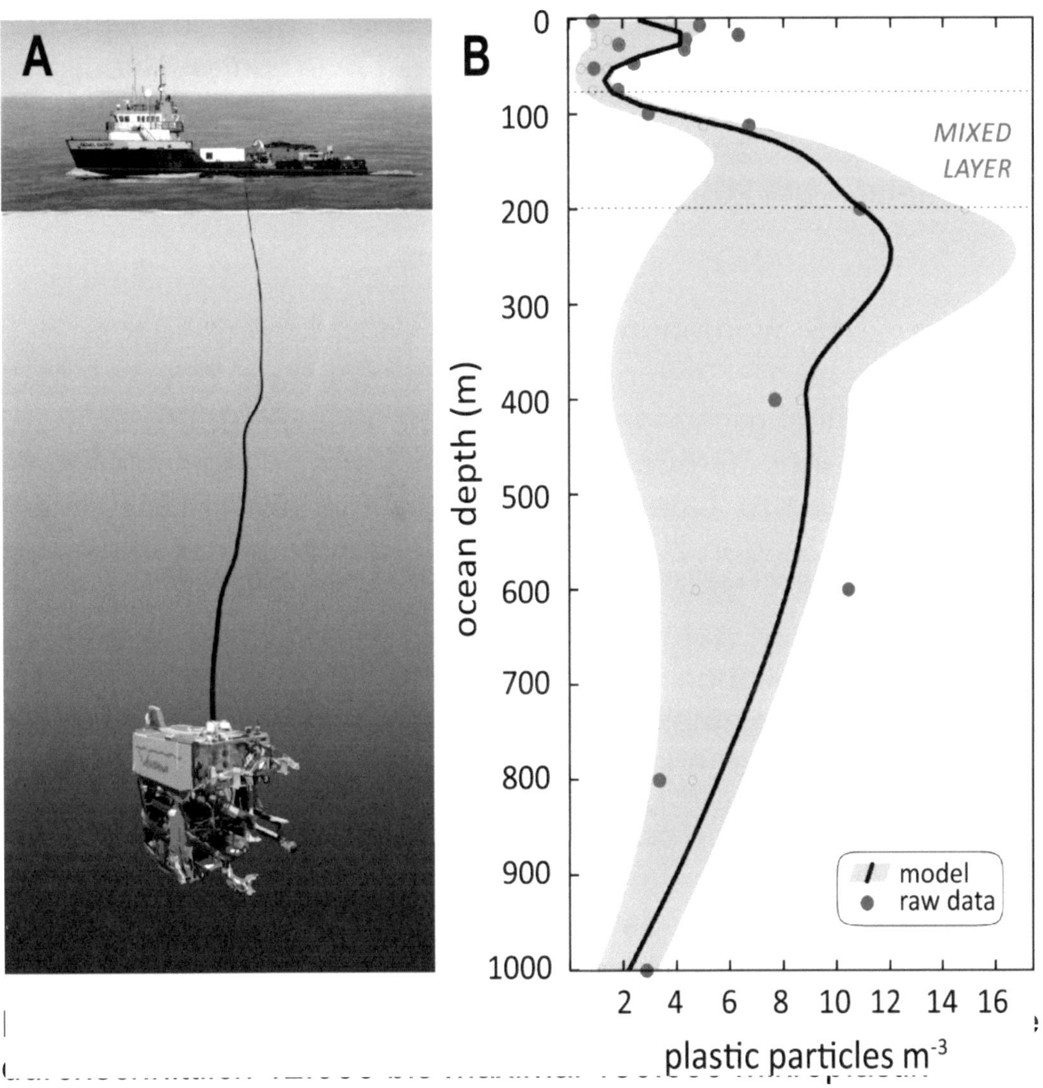

Fig. 7: A. Schematische Darstellung der Probennahme. B. Die größte Ansammlung an Mikroplastik befindet sich in der Monterey Bay in der Zone zwischen 200 und 600 m. (Choi et al. 2020)

2021). Bei 46 Stichproben aus der Wassersäule des Epi- und Mesopelagiats der Monterey Bay 2017 in unterschiedlicher Tiefe zwischen 5 und 1000 Metern wurden die vier höchsten Konzentrationen an Mikroplastik – mit über 10 Partikeln pro Kubikmeter – bei 200 m und 600 m Tiefe gefunden (Fig. 7)(Choi et al. 2010).

Anfang 2016 wurden nach über sechs Monate dauernden Messungen an 18 Stellen für das Meer vor New York 165 Mio. Plastikteile hochgerechnet (bzw. mehr als 250.000/km²) – zu 85 % mit einer Größe von unter 5 mm (Deutschlandfunk 2016).Partikel pro Quadratkilometer gefunden; im Mittelmeer kommt Schätzungen zufolge auf zwei Plankton-Lebewesen ein Teil Mikroplastik bzw. es wurden bis zu 300.000 Teilchen pro Quadratkilometer gefunden (Steiner 2014). 2018 waren es bereits 1,25 Millionen Fragmente pro Quadratkilometer (Hein 2018). Würden feinmaschige Netze verwendet, könnte sich die gefundene Menge noch vervielfachen. Üblicherweise wurde bisher nur mit einer Maschenweite von 333 µm gemessen (Lindeque et al. 2020).

2013 bestand der Sandstrand mancher Meeresbuchten zu drei Prozent aus Mikroplastik; man vermutet eine weitere Zunahme dieser Quote (Röhrlich 2013). Im Lebensraum der Wattwürmer an der Nordsee macht PVC mehr als ein Viertel der Mikro-plastikpartikel aus (Stein 2013). PVC wurde vor allem entlang von Schifffahrtsrouten gefunden, wo der Kunststoff einen Anteil von etwa zwei Dritteln am gesamten Mikroplastik einnimmt. PVC stammt vermutlich von Schiffsanstrichen – z. B. Bootslack

(Dibke et al. 2021). In einer 2018 veröffentlichten Studie, mit Eisproben von 2014 und 2015, wurden zwischen 33 und 75.143 Mikroplastik-Teilchen pro Liter Meereis gefunden (Peeken et al.2022). Zudem wurde in den Meeressedimenten des Tyrrhenischen Meeres bis zu 182 Fasern und 9 Fragmente pro 50 Gramm getrockneten Sediments nachgewiesen, was 1,9 Millionen Stück pro Quadratmeter entspricht. Dabei wurden nur Partikel von maximal einem Millimeter Länge berücksichtigt (Kane et al. 2020).

9. Eine makabere Parabel zum Schluß

Nachdem ich Ihnen soviel Geduld mit „chemischer Hintergrundinformation" abverlangt habe, möchte ich diese Abhandlung mit einer Parabel abschließen, die nur auf den ersten Blick scheinbar neutral wissenschaftlich daherkommt; ich hoffe aber Ihnen mit dieser Parabel meine persönlichen Bedenken deutlich machen zu können:

Ich kann mir vorstellen, daß ärgerliche Pilzflecken auf altem Brot und die damit verbundene Ungenießbarkeit allgemein bekannt sind (Habermehl 1989). Züchtet man solche Pilze oder Bakterien auf geeigneten Agarnährböden unter sterilen Kulturbedingungen in Petrischalen (Fig. 7), so wird man Kolonien erhalten, die sich gleichmäßig auf den Nährböden ausbreiten;je

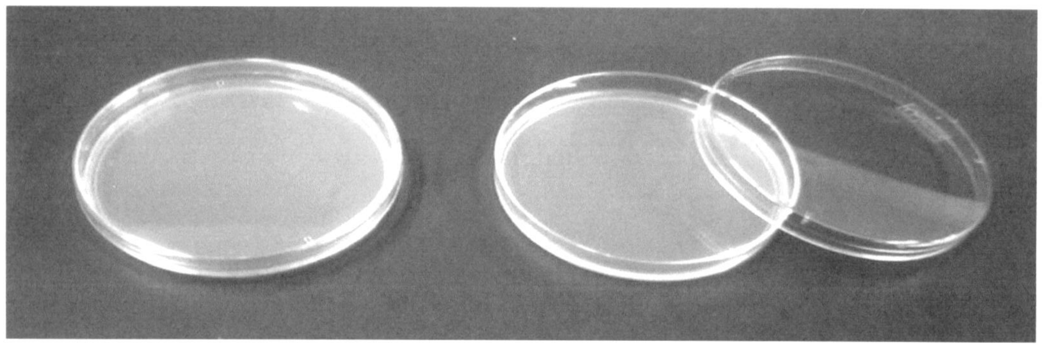

Fig. 7: Petrischalen mit Agarnährböden zur Kultivierung von Pilzen, Bakterien oder von aus Höheren Organismen isolierten Zellen.

nach verwendetem Organismus kann es sogar zur Ausscheidung von Stoffwechselprodukten oder Exotoxinen kommen. Das Wachstum der Kolonien hält solange an, wie noch Nährstoffe verfügbar bzw. die Konzentration ausgeschiedener Stoffe einen kritischen Wert noch nicht überschritten hat. Ist es nicht frappierend, wie die Situation der Lebensumstände der Mikroorganismen in der Petrischale im Endstadium der der Menschheit auf der Erde zu ähneln scheint. Mitte 2024 gab es nach UN-Angaben knapp 8,2 Milliarden Menschen auf der Erde. Das Wachstum soll sich bis 2084 fortsetzen auf dann 10,3 Milliarden Menschen. Fürs Jahr 2100 werden 10,2 Milliarden Menschen prognostiziert (UN 2024; Grubbström 2024). Wenn die „Krone der Schöpfung" schon jetzt ihre Umwelt so – wie hier dargestellt – belastet und mit menschlicher Hybris des Zauberlehrlings[5] dem vermeintlichen Fortschritt huldigt, kann es mit ihr nicht anders enden (Brandt 2025) als wie mit den Mikroorganismen auf dem total überwuchertem Nährboden in der Petrischale.

---

5   Der Zauberlehrling ist eine Ballade von Johann Wolfgang von Goethe

10. Literatur

Abel SM, Primke S, Int-Veen I, Brandt A, Gerdts G (2021) Systematic identification of microplastics in abyssal and hadal sediments of the Kuril Kamchatka trench. Environmental Pollution 269:116095

Abraham K, Mertens H, Richter L, Mielke H, Schwerdtle T, Monien BH (2024) Kinetics of 15 per- and polyfluoroalkyl substances (PFAS) after single oral application as a mixture – A pilot investigation in a male volunteer. Environment International 193:https://doi.org/10.1016/j.envint.2024.109047

Albrecht WN, Bryant CJ (1987) Polymer-fume fever associated with smoking and use of a mold-release spray containing polytetrafluoroethylene. Journal of occupational medicine. Band 29, Nummer 10, S.817–819,

Altwig D (2018) Landesregierung bestätigt: Umweltrisiko Kunstrasen, Neue Presse 21. Januar 2018

Amt für Wasser und Energie St. Gallen (2023) PFAS – Eine problematische Soffgruppe.

Anonymus (2018) Fashion is an environmental and social emergency, but can also drive progress towards the Sustainable Development Goals. UNECE

Anonymus (2018a) Böden in Schweizer Naturschutzgebieten enthalten beträchtliche Mengen Mikroplastik. Media Relations Universität Bern 27. April 2018

Anonymus (2019) Umweltverschmutzung: Bergtouristen hinterlassen Millionen Plastikteilchen am Gletscher. Luzernerzeitung.ch. 10. April 2019,

Anonymus (2023) Madsen warnt vor pauschalem Verbot von Ewigkeitschemikalien. www.aerzteblatt.de, 20. Juni 2023

Anonymus (2023a) Chemie Verbände: Generelles Verbot von PFAS-Chemikalien gefährdet laut Verbänden Klimaziele. Handelsblatt Düsseldorf Germany

Anonymus (2023b) ECHA publishes PFAS restriction proposal.

Anonymus (2024) Schweiz: Mikroplastik stammt zu 90 Prozent von Pneus. *srf.ch.* 13. Februar 2024

ATSDR (2018) *Toxicological profile for Perfluoroalkyls.*

Barry V, Winquist A, Steenland K (2013) Perfluorooctanoic Acid (PFOA) Exposures and Incident Cancers among Adults Living Near a Chemical Plant. Environmental Health Perspectives 121:1313–1318

Bertling J, Bertling R, L. Hamann L (2018) Kunststoffe in der Umwelt: Mikro- und Makroplastik. Fraunhofer UMSICHT, Juni 2018, S. 10f.

Bertling J, Hamann L, Hiebel M (2018) Mikroplastik in Kosmetika und Putzmitteln. Frauenhofer Institut

BfR (2021a) Industriechemikalien PFAS: Einige Bevölkerungsgruppen überschreiten teilweise den gesundheitsbasierten Richtwert.

BfR (2021b) PFAS in Lebensmitteln: BfR bestätigt kritische Exposition gegenüber Industriechemikalien. Stellungnahme Nr. 020/2021

Bork K (1999) Arzneimittelnebenwirkungen an der Haut. Schattauer Verlag, ISBN 978-3-7945-1860-9, S. 367

Boucher J, Friot D (2017) Primary Microplastics in the Oceans:

A Global Evaluation of Sources. IUCN, doi:10.2305 / IUCN.CH.2017.en

Bourzec K (2020) Microplastics catch an atmospheric ride to the oceans and the Arctic. c&en

Brandt P (2025) Trotz Klimawandel Lebensmittelsicherheit: Wie lange noch? BoD, 76 Seiten, ISBN 9783769324266

Brase RA, Mullin EJ, Spink DC (2021) Legacy and Emerging Per- and Polyfluoroalkyl Substances: Analytical Techniques, Environmental Fate, and Health Effects . Int J Mol Sci. 22:995. Review.

Breitinger E (2015) Düngen mit Mikroplastik. Saldo, Nr. 12, S. 45, 24. Juni 2015

Browne MA, Crump P, Niven SJ, Teuten E, Tonkin A, Galloway T, Thompson R (2011) Accumulation of Microplastic on Shorelines Worldwide: Sources and Sinks. Enviromental Science & Technology 45: 9175–9179

Bucaletti E, Barola C, Galarini R. (2024) Chloroperfluoropolyether carboxylate compounds: A review. Chemosphere 357:142045.

Buck RC, Franklin J, Berger U, Conder JM, Cousins IT, de Voogt P, Jensen AA, Kannan K, Maburys SA, van Leeuwen SPJ (2011) Perfluoroalkyl and polyfluoroalkyl substances in the environment: Terminology, classification, and origins. Integrated Environmental Assessment and Management. 7:513-541

Buks F, Kaupenjohann M (2021) Globale Mikroplastik-Konzentrationen in Böden. Soil 6:649-662

BUND (2015) Phthalat-Weichmacher.

Burghardt TE, Anton Pashkevich A, Babić D, Mosböck H, Babić D (2022) Microplastics and road markings: the role of glass beads and loss estimation. Transportation Research Part D: Transport and Environment 102:103-123,

Cai H, Zheng W (2015) Human urinary/seminal phthalates or their metabolite levels and semen quality: A meta-analysis. Environ Res. 142:486–94

Cahuas L, Muensterman DJ, Kim-Fu ML, Reardon PN, Titaly IA, Field JA (2022) Paints: A source of volatile PFAS in air – potential implications for inhalation exposure. Environmental Science & Technology 56:17070-17079

Chavarro JE, Mínguez-Alarcón L, Chiu YH, Gaskins AJ, Souter I, Williams PL, Calafat AM, Hauser R (2016) EARTH Study Team. Soy Intake Modifies the Relation Between Urinary Bisphenol A Concentrations and Pregnancy Outcomes Among Women Undergoing Assisted Reproduction. J Clin Endocrinol Metab. 101:1082–90

ChemRRV (2018) Anhang 2.6 Dünger

Chen Q, Yang H (2017) Phthalate exposure, even below US EPA reference doses, was associated with semen quality and reproductive hormones: Prospective MARHCS study in general population. Environ Int. 104:58–68

Chmielewski N (2017) Reifenabrieb: Unterschätztes Umwelt-problem. Hessischer Rundfunk, 26. Oktober 2016

Choi CA, Robinson BH, Gagne TO, Erwin B, Firl E, Halden RU, Hamilton JA, Katija K, Lisin SE, Rolsky C, van Houtan KS (2010) The vertical distribution and biological transport of marine microplastics across the epipelagic and mesopelagic water column. Scientific Reports 9:7843

Couwenberghe L van. Vanreusel A, Janssen CR (2013) Microplastic pollution in deep-sea sediments. Environmental Pollution 182:495-499

Denny E (2021) New research reveals how airborne microplastics travel around the world. World economic forum

DEPA 2018. Risk assessment of fluorinated substances in cosmetic products.
https://www2.mst.dk/Udgiv/publications/2018/10/978-87-93710-94-8.pdf

Deutschlandfunk (2016) deutschlandfunk.de Forschung aktuell, Meldungen, 22. Februar 2016: Mikroplastik vor New York.
DGE (2012) DGE warnt vor Weichmachern in Plastik: Phthalate begünstigen Diabetes Typ 2. AWMF, Pressemitteilung vom 29. Mai 2012 beim Informationsdienst Wissenschaft (idw-online.de)
Dibke C, Fischer M, Scholz-Böttcher BM (2021) Microplastic Mass Concentrations and Distribution in German Bight Waters by Pyrolysis–Gas Chromatography–Mass Spectrometry /Thermochemolysis Reveal Potential Impact of Marine Coatings: Do Ships Leave Skid Marks? Environmental Science & Technology 55, Heft 4

Dichmann M (2020) Mikroplastik wird freigesetzt, wenn wir Kleidung aus Kunstfasern tragen. *deutschlandfunknova.de.*

12. März 2020,

Diener M (2022) Mikroplastik im Boden: Niemanden kümmert ´s. *infosperber.ch.* 30. Oktober 2022,

EatSmarter (2019) E914 Polyethylenwachsoxidate

EFSA (2013) Lebensmittel sind wichtigste BPA-Quelle für Verbraucher, auch Thermopapier kommt potentielle Bedeutung zu. Pressemitteilung, Juli 2013

EPA (2021) Multi-Industry Per- and Polyfluoroalkyl Substances (PFAS) Study. 2021 Preliminary Report. Washington DC , S. 29 (englisch, 81 S., epa.gov

EPA (2024) PFASSTRUCT Chemicals In: CompTox Chemicals Dashboard.

EUA (Europäische Umweltagentur) (2019) Emerging chemical risks in Europe - „PFAS"

Europäischer Rat (2019) Schlussfolgerungen zu Chemikalien. Europäischer Rat, 26. Juni 2019

Evich MG, Davis MJB, McCord JP, Acrey B, Jill A. Awkerman JA, Knappe DRU, Lindstrom AB, Speth TF, Tebes-Stevens C, Strynar MJ, Wang Z, Weber EJ, Henderson M, Washington JW (2022) Per- and polyfluoroalkyl substances in the environment. Science 375: Nr.6580, DOI: 10.1126/science.abg9065

Falco F de, Cocca M, Avella M, Richard C. Thompson RC (2020) Microfiber Release to Water, Via Laundering, and to Air, via Everyday Use: A Comparison between Polyester Clothing with Differing Textile Parameters. Environmental Science & Technology. doi:10.1021/acs.est.9b06892.

Falkowski J (2016) Zu viel Plastik im Bio-Müll. deutschlandfunk.de

Fenton SE, Reiner JL, Nakayama SF, Delinsky AD, Stanko JP, Hin EP, White SS, Lindstrom AB, Strynar MJ, Petropoulou SE (2009) Analysis of PFOA in dosed CD-1 mice. Part 2: Disposition of PFOA in tissues and fluids from pregnant and lactating mice and their pups. Reproductive Toxicology 27: 365–372

Fenton SE, Ducatman A, Boobis A, DeWitt JC, Lau C, Ng C, Smith JS, Roberts SM (2021) Per- and Polyfluoroalkyl Substance Toxicity and Human Health Review: Current State of Knowledge and Strategies for Informing Future Research. Environmental Toxicology and Chemistry. 40:606–630,

Fiedler H, Sadia M (2021) Regional occurrence of perfluoroalkane substances in human milk for the global monitoring plan under the Stockholm Convention on Persistent Organic Pollutants during 2016–2019. Chemosphere. 277:130287

FDA (2024) Per- and Polyfluoroalkyl Substances (PFAS) in Cosmetics (Internet)

Fricke M. Lahl U (2005) Risikobewertung von Perfluortensiden als Beitrag zur aktuellen Diskussion zum REACH-Dossier der EU-Kommission. Z. Umweltchemie Ökotoxikologie (UWSF), Jahrgang 17, Vol. 1:36–49,

Glüge J, Scheringer M, Cousins IT, DeWitt JC, Goldenman G, Herzke D, Lohmann R, Ng CA, Trier X, Wang Z (2020) An overview of the uses of per- and polyfluoroalkyl substances (PFAS). In: Environmental Science Processes & Impacts. Doi: 10.1039/DOEM00291G

Göbel P, Dierkes C, Coldewey WG (2007) Storm water runoff concentration matrix for urban areas. Journal of Contaminant Hydrology 91:26-42

Gore AC, Chappell VA, Fenton SE, Flaws JA, Nadal A (2015) EDC-2: The Endocrine Society's Second Scientific Statement on Endocrine-Disrupting Chemicals. Endocrine Reviews 36:E1-E150

Grubbström RW (2024) The world population development according to a dynamic extension of the Wicksellian production function. In: Sustainability Analytics and Modeling. Band 4, S. 100035,

Gruber C (2018) Neue Studie: Mehr Mikroplastik an Land als bislang gedacht. Badische Zeitung.

Gschweng D (2021) Mikroplastik: Zu viele Fussel im arktischen Meer. Infosperber

Habermehl F (1989) Die Bedeutung von Mykotoxikosen für Mensch und Tier. Deutsche tierärztliche Wochenschrift, S. 335–338

Hagmann M (2019) Jährlich mehr als 5000 Tonnen Plastik in die Umwelt freigesetzt. *empa.ch*. 12. Juli 2019

HBM4EU, (2022). HBM4EU Newspaper. https://www.hbm4eu.eu/wp-content/uploads/2022/05/HBM4-Newspaper.pdf.

Hein A (2018) WWF-Report: Rekordmengen von Mikroplastik im Mittelmeer. wwf.ch, 8. Juni 2018,

Hoferichter A, Pilz S, Drepper D (2023) Streit um Chemikalien / Wie Bayer, BASF & Co für PFAS lobbyieren. *tagesschau.de* vom 23. Februar 2023

Holdinghausen H (2021) Mikroplastik im Boden: Die unterschätzte Gefahr. *taz.de,* 27. Mai 2021

Horton AA, Walton A, Spurgeon DJ, Lahive E, Svendsen C (2017) Microplastics in freshwater and terrestrial environments: Evaluating the current understanding to identify the knowledge gaps and future research priorities. Science of the Total Environment 586:127–141

Hughey KD, Gallagher NB, Zhao Y, Thakur N, Bradley AM, Koster van Groos PG, Johnson TJ (2024) PFAS remediation: Evaluating the infrared spectra of complex gaseous mixtures to determine the efficacy of thermal decomposition of PFAS. Chemosphere.362:142631

IARC (2016) Some ChemicalsUsed as Solvents and in Polymer Manufacture. IARC Monographs *on* the Evaluation of Carcinogenic Risks to Humans, Volume 110.

Kandefendt M (2018) Mikroplastik in Kosmetik: Grüne fordern Verbot. Taz

Kane IA, Clare MA, Miramontes E, Wogelius R, Rothwell JJ, Garreau JP, Pohl F (2020) Seafloor microplastic hotspots controlled by deep-sea circulation. Science doi:10.1126/ science.aba5899.

Kapp KJ, Miller RZ (2020) Electric clothes dryers: An underestimated source of microfiber pollution. PLOS ONE. 7. Oktober 2020, doi:10.1371/journal.pone.0239165.

Kawecki D, Nowack B (2019) Polymer-Specific Modeling of the Environmental Emissions of Seven Commodity Plastics As Macro- and Microplastics. Environmental Science & Technology. doi:10.1021/acs.est.9b02900.

Knecht P (2003) Funktionstextilien. Deutscher Fachverlag,, S. 287, 279

Krieger A (2013) Die Entmüllung der Meere. Deutschlandfunk.de Wissenschaft im Brennpunkt, 7. April 2013

Kurwadkar S, Dane J, Kanel SR, Nadagouda MN, Cawdrey RW, Ambade B, Struckhoff GC, Wilkin R. (2022) Per- and polyfluoroalkyl substances in water ad wastewater: A critical review of their global occurrence and ditribution. Sci Total Environ. 25;809

Laforsch C (2019) planet e: Vermüllt und verseucht – Böden in Gefahr. *zdf.de*. 24. März 2019

Lassen C, Hansen SF, Magnusson K, Norén F, Hartmann NIB, Jensen PR, Nielsen TG, Brinch A (2015) Microplastics Occurrence, effects and sources of releases to the environment of Denmark. Danish Environmental Protection Agency, Environmental project Nr. 1793,   S. 142

Lee CH, Guo YL, Tsai CH, Chang HY, Chen CR, Chen CW, Hsiue TR (1997) Fatal acute pulmonary oedema after inhalation of fumes from polytetrafluoroethylene (PTFE). The European Respiratory Journal. 10:1408–1411

Lee JE, Choi K (2017) Perfluoroalkyl substances exposure and thyroid hormones in humans: epidemiological observations and implications. Annals of Pediatric Endocrinology & Metabolism. 22:6–14

Li Y, Fletcher T, Mucs D, Scott K, Lindh CH, Tallving P, Jakobsson K (2018) Half-lives of PFOS, PFHxS and PFOA after end of exposure to contaminated drinking water. Occup Environ Med 75 :46-51

Lim XZ (2023) Could the world go PFAS-free? Proposal to ban 'forever chemicals' fuels debate. Nature 620:24-27

Lindeque PK, Cole M, Coppock RL, Lewis CN, RZ, Watts AJR, Wilson-McNeal A, Wright SL, Galloway TS (2020) Are we underestimating microplastic abundance in the marine environment? A comparison of microplastic capture with nets of different mesh-size. Environ Pollut 265:114721 DOI: 10.1016/j.envpol.2020.114721

Mastrantonio M, Bai E, Uccelli R, Cordiano V, Screpanti A, Crosignani P (2018) Drinking water contamination from perfluoroalkyl substances (PFAS): an ecological mortality study in the Veneto Region, Italy. European J Public Health 28:180–185

Morales-McDevitt ME, Becanova J, Blum A, Bruton TA, Vojta S, Woodward M, Lohmann R (2021) The Air That We Breathe: Neutral and Volatile PFAS in Indoor Air Environmental Science & Technology Letters 8.issue 10

Net S, Sempéré R, Delmont A, Paluselli A, Ouddane B (2015) Occurrence, fate, behavior and ecotoxicological state of phthalates in different environmental matrices. Environmental Science & Technology 49:4019–4035

NCBI (2024) PFAS and Fluorinated Compounds in PubChem Tree In: PubChem Classification Browser.

NCI (2023) PFAS Exposure and Risk of Cancer.

Nieberg M (2019) Wissenschaftler warnen: Zuviel Mikroplastik im Boden. zdf.de 24. April 2019,

Nordic Council of Ministers (2019) The cost of inaction; A socioeconomic analysis of environmental and health impacts linked to exposure to PFAS, TemaNord 2019:516.

Nordpol (2020) Alfred-Wegener-Institut berichtet von großem Ozonloch über der Arktis

OECD (2018) Toward a New Comprehensive Global Database

of Per- and Polyfluoroalkyl Substances (PFASs): Summary Report on Updating the OECD 2007 List of Per- and Polyfluoroalkyl Substances (PFASs) (OECD Series on Risk Management of Chemicals. Nr.39). ISBN 9789264884434

OECD (2021) Reconciling Terminology of the Universe of Per- and Polyfluoroalkyl Substances: Recommendations and Practical Guidance (= OECD Series on Risk Management of Chemicals). 2021, ISBN 9789264511288, S. 23,

Obsekov V, Kahn LG, Trasande L (2023) Leveraging Systematic Reviews to Explore Disease Burden and Costs of Per- and Polyfluoroalkyl Substance Exposures in the United States. In: Exposure and Health. Expo Health 15:373-394

Peeken I, Primke S, Beyer B, Gütermann J, Katlein C, Krumpen T, Bergmann M, Hehemann L, Gerdts G (2018) Artic sea ice is an important temporal sink and means of transport for microplastic. Nature Communications. doi:10.1038/s41467-018-03825-5.

Peng X, Chen M, Che S, Dasgupta S, Xu H, Ta K, Du M, Li J, Guo Z, Bai S (2018) Microplastics contaminate the deepest part of the world's ocean. Geochemical Perspectives Letters ISSN 2410-3403, S. 1–5, doi:10.7185/geochemlet.1829

Perkins T (2023) Societal cost of „forever chemicals"about $17.5tn across global economy-report. The Guardian.12. Mai 2023.

Peuckert K (2022) Mikroplastik im Blick. Das Problem mit Brillengläsern aus Kunststoff. *ndr.de*, 27. Januar 2022

Piehl S, Anna Leibner A, Löder MGJ, Dris R, Bogner C, Christian Laforsch C (2018) Identification and quantification of macro- and microplastics on an agricultural farmland. Scientific

Reports 8, 17950

Pritchard G (2005) Plastics Additives. Kapitel 4.13.5

Rekik H, Arab H, Pichon L, El Khakani MA, Drogui P. (2024) Per- and polyfluoroalkyl (PFAS) eternal pollutants: Sources, environmental impacts and treatment processes. Chemosphere. 358:142044

Rillig M (2018) Mikroplastik im Boden – „Die Verunreinigung auf den Kontinenten ist noch nicht auskartiert", Deutschlandfunk.

RIVM (2023) Details of proposed European PFAS ban released. RIVM, 7. Februar 2023

Riyard R und Wolman J (2023) "Forever chemicals" are everywhere. The battle over who pays to cleane them up is just getting started. Politico 12. Mai 2023.

Rochester JR, Bolden AL (2015) Bisphenol S and F: A Systematic Review and Comparison of the Hormonal Activity of Bisphenol A Substitutes. Environ Health Perspect. 123:643-650

Röhrlich D (2013) Mikroplastik macht Wattwürmer krank. deutschlandfunk.de, Forschung Aktuell, 12. Dezember 2013.

Rosato I, Bonato T, Fletcher T, Batzella E, Canova C (2024) Estimation of per- and polyfluoroalkyl substances (PFAS) half-lives in human studies: a systematic review and meta-analysis. Environmental Research 242:117743

Sajid M, Ilyas M (2017) PTFE-coated non-stick cookware and toxicity concerns: a perspective. Environ. Sci. Pollut. Res. 24:23436–23440

Scheurer M, Bigalke M (2018) Microplastics in Swiss Floodplain Soils. Environ. Sci. Technol. 52:3591-3598

Schildknecht A (2022) Plastikpartikel belasten Schweizer

Ackerböden. *ktipp.ch.* 19. Oktober 2022,

Schölgens G (2006) PFT in Muttermlch und in den Flüssen Ruhr und Möhne. TAZ, 8.August 2006.

Scinexx (2013) Mikroplastik im Honig nachgewiesen. *NDR Markt,* 17. November 2013

sg.ch (2024) Punktuelle PFAS-Belastung im Nordosten des Kantons.

Sha B, Johansson JH, Saiter ME, Blichner SM, Cousins IT (2024) Constraining global transport of perfluoroalkyl acids on sea spray aerosolusing field measurements. Science Advances vol. 10,issue 14

Shusterman DJ (1993) Polymer fume fever and other fluorocarbon pyrolysis-related syndromes. In: Occupational medicine (Philadelphia, Pa.). 8:519–531

Sieber R, Kawecki D, Nowack B(2019) Dynamic probabilistic material flow analysis of rubber release from tires into the environment. Environmental Pollution S. 113573, doi:10.1016/j.envpol.2019.113573.

Simon N (2021) The Arctic Ocean Is Teeming With Microfibers From Clothes. wired.com

Slama R, Vernet C, Nassan FL, Hauser R, Philippat C (2017) Endocrine disruptors.Characterizing the effect of endocrine disruptors on human health: The role of epidemiological cohorts. Comptes Rendus Biologies 340:421-431

Son M, Maruyama E, Shindo Y, Suganuma N, Sato S, Ogawa M (2006) Case of polymer fume fever with interstitial pneumonia caused by inhalation of polytetrafluoroethylene (Teflon). The Japanese journal of toxicology.19:279–282,

Stein A (2013) Plastikmüll vergiftet Schlüsselspezies der Nordsee. *Die Welt*, 7. Dezember 2013.

Steiner J (2014) Mikroplastk bedroht Lebewesen im Meer. Deutschlandfunk.de. 2. Juli 2014

Steiner H (2019) 126 Tonnen: So viel Mikroplastik gelangt aus Waschmaschinen in die Umwelt. Kleinezeitung.at 12. Juni 2019

Stiftung Warentest (2008)Schulbeginn: Schadstoffe in Stiften, Farben und Radierern. 5. September 2008

Sundt P, Schulze P-E, Syversen F (2018) Sources of microplastics-pollution to thr marine environment Plastic Action Centre;

Tagesschau (2023) PFAS: Kampf gegen die Ewigkeitschemikalien

Toyama K, Kimura K, Miyashita M, Yanagisawa R, Nakata K (2006) Case of lung edema occurring as a result of inhalation of fumes from a Teflon-coated frying pan overheated for 4 hours. Journal of the Japanese Respiratory Society. 44:727–731

UBA (2015) Phthalate – die nützlichen Weichmacher mit den unerwünschten Eigenschaften.

UN (2024) UN-Weltbevölkerungsprognose: Weltbevölkerung wird bis in die 2080er-Jahre wachsen.

VADIAN. NET AG: St. Gallen (2024) Koordiniertes Vorgehen beim Thema PFAS.

Vanden Heuvel JP, Kuslikis BI, Van Rafelghem MJ, Peterson RE (1991) Tissue distribution, metabolism, and elimination of perfluorooctanoic acid in male and female rats.J Biochem Mol Toxicol 6, 83-92

Verbraucherzentrale Nordrhein-Westfalen (2023) Ewigkeits-Chemikalien PFAS: Darum sollten sie schnell verboten werden. www.verbraucherzentrale.nrw

Vitorelli L. von (2018) Weltweites Abwasserproblem Mikroplastik überfordert Kläranlagen. Lösungen sind weniger Plastikkonsum und umweltgerechte Textilproduktion. bund.net 21. März 2018,

Wang Z, Buser AM, Cousins IT, Demattio S, Drost W, Johansson O, Ohno K, Patlewicz G, Richard AM, Walker GW, White GS, Leinala E (2021) A New OECD Definition for Per- and Polyfluoroalkyl Substances. In: Environmental Science & Technology, November 2021,doi:10.1021/acs.est 1c06898

WDR (2011) Wie gefährlich sind Plastik-Schadstoffe? *Quarks*

Weber *Y (2017) Mikroplastik, die unsichtbare Gefahr. BUND am 25. August 2017*

Wehr-Zens S (2021) Kunststoff in der Umwelt – ein Kompendium. Frauenhofer Umsicht

Weithmann N, Möller JN, Löder MGJ, Piehl S, Laforsch C, Freitag R (2018) Organischer Dünger als Vehikel für den Eintritt von Mikroplastik in die Umwelt. Science Advances doi:10.1126/sciadv.aap8060.

Wen-Long L, Kannan K (2024) Determinatimg of legacy and emergimg Per- and Polyfluoroalkyl Substances (PFAS) in indoor and outdoor air. ASC ES&T Air 1, Band 9

White SS, Stanko JP, Kato K, Calafat AM, Hines EP, Fenton SE (2011) Gestational and Chronic Low-Dose PFOA Exposures and Mammary Gland Growth and Differentiation in Three Generations of CD-1 Mice. Environmental Health Perspectives. 119:1070–1076

WHO (2012) State of the science of endocrine disrupting

chemicals.

Wirag L (2019) Alarmierende Analyse: Mikroplastik in 119 Waschmitteln zugesetzt. *oekotest.de*. 8. Juli 2019
Wolff R (2012) Vom Boltzplatz in den Ozean. taz

Worland J (2015) Why „BPA-Free" May Be Meaningless. 16. März 2015

Wüthrich J, Achermann S, Leib V, Junghans M (2022) PFAS-Belastung im Kanton ST. Gallen – Erste Erkenntnisse in Fließgewässern, Fischen und Abwasser. Aqua & Gas Nr. 12

WWF (2005) Generations X. Results of WWF's European Family Biomonitoring Survey.
https://chemtrust.org/wpcontent/uploads/
Generationsx_wwf_2005.pdf
Zahm S, Bonde JP, Chiu WA, Hoppin J, Kanno J, Abdallah M, Blystone CR, Calkins MM, Dong G, Dorman DC, Fry R, Guo H, Haug LS, Hofmann JN, Iwasaki M, Machala M, Mancini FR, Maria-Engler SS, Møller P, Ng JC, Pallardy M, Post GB, Salihovic S, Schlezinger J, Soshilov A, Steenland K, Steffensen I-L, Tryndyak V, White A, Woskie S, Fletcher T, Ahmadi A, Ahmadi N, Benbrahim-Tallaa L, Bijoux W, Chittiboyina S, de Conti A, Facchin C, Madia F, Mattock H, Merdas M, Pasqual E, Suonio E, Viegas S, Zupunski L, Wedekind R, Schubauer-Berigan MK (2024) Carcinogenicity of perfluorooctanoic acid and perfluorooctanesulfonic acid. The Lancet Oncology 25:16–17
Zhang T, Sun H, Lin Y, Qin X, Zhang Y, X, Kannan K (2013) Distribution of Poly- and Perfluoroalkyl Substances in Matched Samples from Pregnant Women and Carbon Chain Length Re-

lated Maternal Transfer. Environ Sci Technol 47:7974–7981

ZHAW (2023) Schweizer Boden erstmals auf umweltschädliche PFAS untersucht.

ZDF (2023) "Ewige Chemikalien": Unterschätztes Problem.

Zischup Z (2018) 12 000 Partikel pro Liter Eis – Bildung & Wissen – Badische Zeitung. badische-zeitung.de

Zogg C (2019) Mikrogummi. *empa.ch.* 14. November 2019

.

11. Liste von weiteren Publikationen(Auswahl) des Autors

Peter Brandt
Molekulare Aspekte der Organellenontogenese.
1988
Springer, Heidelberg, 200 S.

Peter Brandt
Evolution der eukaryotischen Zelle.
1991
Thieme, Stuttgart, New York, 157 S.

Peter Brandt
1992
Begrenzbarkeit gentechnisch veränderter
Organismen.
In: W. Eberbach, P. Lange und M. Ronellenfitsch (eds.)
Gentechnikrecht, Verlag C. F. Müller, vor § 18 GenTG, pp. 1-7

Peter Brandt
1995
Transgene Pflanzen.

Herstellung, Anwendung, Risiken und Richtlinien. Birkhäuser, Basel,
1. Auflage, 306 Seiten,
ISBN 3-7643-5202-7

Peter Brandt (Hrsg.)
1997
Zukunft der Gentechnik.
Birkhäuser, Basel, 290 Seiten,
ISBN 3-7643-5662-6

Peter Brandt (Hrsg.)
2003
What's Gene Technology tu Us?/
Was geht uns die Gentechnik an?
BoD, 186 Seiten, ISBN 3-8334-089-3

Peter Brandt
2004
Transgene Pflanzen.
Herstellung, Anwendung, Risiken und Richtlinien. Springer,
Heidelberg,
2. Auflage, 364 Seiten,
ISBN 978-3-7643-5753-5

Peter Brandt
2008
Was hat es mit den langkettigen Omega-3-Fettsäuren auf sich?

JVL 3:11-14

Peter Brandt
2008
Welternährung und Klimawandel – ein komplexes Problem.
JVL 4:34-38

Peter Brandt
2009
Die „Hydrothermale Carbonisierung": eine bemerkenswerte
Möglichkeit, um die Entstehung von Kohendioxid zu minimieren
oder gar zu vermeiden?
JVL 4: 151-154

Peter Brandt
2011
Gefährdung der „Food Security" durch die Auswirkungen des
Klimawandels.
JVL 6:253-275

Peter Brandt, S. Puffpaff und J. Stodian
2017
Aspekte zur Situation der Gewässer der Halbinsel Jasmund
unter besonderer Berücksichtigung des Nationalparks Jasmund
(Rügen).,
www.nationalpark-jasmund.de, pp. 1-58

Peter Brandt

2025
Trotz Klimawandel Lebensmittelsicherheit: Wie lange noch?
BoD, 76 Seiten,
ISBN 9783769324266